国家骨干高职院校建设
机电一体化技术专业（能源方向）系列教材

矿山运输与提升设备

刘　刚　主　编

王金铣　王晓琦　史永红　副主编

袁　广　主　审

化学工业出版社

·北京·

本书侧重技能传授，平衡理论与实践教学内容；采用切合实际的案例，全面具体地阐述各知识点，既符合教师的教学要求，也方便学生的理论实践一体化目标。全书共分六个任务，内容包括矿井提升机和提升容器的认识、提升机安装、刮板输送机的操作、刮板输送机的安装、调试与维护、带式输送机的操作、带式输送机的安装调试。并且在知识链接中介绍了煤矿生产的案例和习题库。

本书可作为高职高专院校相关专业学生的教材，并可供工程技术人员参考。

图书在版编目（CIP）数据

矿山运输与提升设备/刘刚主编 . —北京：化学工业出版社，2014.5（2022.9重印）
国家骨干高职院校建设机电一体化技术专业（能源方向）系列教材
ISBN 978-7-122-19911-9

Ⅰ.①矿…　Ⅱ.①刘…　Ⅲ.①矿山运输-运输机械-高等职业教育-教材②矿井提升-提升设备-高等职业教育-教材　Ⅳ.①TD5

中国版本图书馆 CIP 数据核字（2014）第 037571 号

责任编辑：韩庆利　　　　　　　　装帧设计：张　辉
责任校对：宋　夏

出版发行：化学工业出版社（北京市东城区青年湖南街 13 号　邮政编码 100011）
印　　装：北京科印技术咨询服务有限公司数码印刷分部
787mm×1092mm　1/16　印张 8　字数 192 千字　2022 年 9 月北京第 1 版第 4 次印刷

购书咨询：010-64518888　　　　　　售后服务：010-64518899
网　　址：http：//www.cip.com.cn
凡购买本书，如有缺损质量问题，本社销售中心负责调换。

定　　价：20.00 元　　　　　　　　　　　　　　版权所有　违者必究

前　言

本书是根据高职高专人才培养目标、最新国家标准，并总结编者从事教学、矿山生产实践的经验编写而成。本书全面系统地介绍了矿山运输与提升设备的主要类型、结构、工作原理、工作性能、运行理论、选型计算以及运转维护等内容，并对本领域中新技术、新成果、新产品及其发展方向做了相应介绍。

本书以现场工作任务为驱动，按照工学结合的教学模式，以现场工作任务实施方法、内容和过程为主线，介绍了矿井提升设备的基础知识、基本运行理论、使用与维护技能，旨在培养学生关于提升设备运行岗位的职业综合能力。

全书共分六个任务，内容包括矿井提升机和提升容器的认识、提升机安装、刮板输送机的操作、刮板输送机的安装、调试与维护、带式输送机的操作、带式输送机的安装调试。在知识链接中介绍煤矿生产的案例和习题库。习题库中大量习题便于老师检查学生的学习效果，也利于学生对学习知识的巩固复习。

本书内容新颖、针对性强、实践性强。本书在编写时充分考虑了高职高专学生的学习目标，侧重技能传授，平衡理论与实践教学内容；采用切合实际的案例，全面具体地阐述各知识点，既符合教师的教学要求，也方便学生的理论实践一体化目标。

本书由内蒙古机电职业技术学院刘刚担任主编，由内蒙古机电职业技术学院王金铣、王晓琦、内蒙古建筑职业技术学院史永红担任副主编，本书其他参编人员有：内蒙古机电职业技术学院蔚刚、陈启渊、武俊彪，全书由刘刚负责统稿。内蒙古机电职业技术学院袁广为本书担任主审，并提出诸多宝贵意见，在此表示感谢！

本书在编写过程中参考和引用了国内外相关文献资料，在此谨向原书和原文作者表示衷心的感谢！由于编者水平有限，书中难免存在不足和疏漏之处，敬请各位读者批评指正。

编　者

目　　录

任务一　矿井提升机和提升容器的认识

分任务一　矿井提升设备认识

一、矿井提升系统的认识

矿井提升运输是采煤生产过程中的重要环节，井下各工作面采掘下来的煤或矸石，由运输设备经井下巷道运到井底车场，然后再用提升设备提升到地面。人员的升降，材料、设备的输送，也都通过提升运输设备来完成。下面通过矿井提升运输系统示意图来了解一下（见图1-1）。

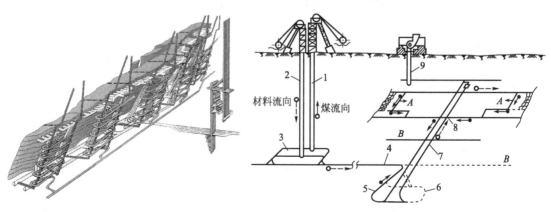

图 1-1　矿井提升运输系统

1—主井；2—副井；3—井底车场；4—运输大巷；
5—石门；6—采区上山；7—上山；8—运输巷；9—风井

二、矿井提升设备的任务与重要性

矿井提升设备是矿山用于矿井地面与井下联系的关键设备之一。其任务是用于提升和下放人员、设备、材料,提升煤炭、矿石、矸石及运输等。

矿井提升设备的工作特点:是在一定的距离内,以较高的速度往复运行,完成上升与下降的提升任务。矿井提升机在工作过程中一旦发生机械或电气故障,将会严重地威胁矿井安全,设备损坏将影响生产,甚至造成人员伤亡事故。

为了确保提升机能够达到高效、安全、可靠地连续运转提升,它应具备较好的机械性能、良好的控制设备和完善的保护装置。矿井提升机性能的优劣、质量的好坏,不仅直接影响到矿井生产,而且也与矿山职工的生命安危息息相关。

提升机司机、维修和管理人员都应当熟知和掌握矿井提升机的性能、结构、各部件的作用和动作原理,做到精心操作,精心维护,加强管理,严格执行各项规章制度,实行定期检修,及时排除隐患,消除不安全因素,是确保提升机安全运行的重要措施。

三、国内外矿井提升设备的发展与现状

(一) 国内矿井提升机的发展与现状

1953年,抚顺重型机器厂为我国制造了第一台单绳缠绕式双滚筒提升机;1958年,洛阳矿山机器厂(现中信重型机械公司)在改进国外产品的基础上,自行设计和制造了我国第一台DJ2X4型多绳摩擦式提升机;1978年,又在XKTB型提升机的基础上设计、制造了JK系列单绳缠绕式提升机;1992年设计制造了JKE系列单绳缠绕式提升机,此系列提升机采用了新的结构形式和先进技术,提升机能力比老系列提升机平均提高25%,其质量也相应地有所减少,现作为国家定型产品成批生产,并销售到十几个国家。现在,我国能够生产4~6m各种类型的多绳摩擦式大型提升机,还可根据用户需要生产直径更大的提升机,如1985年开始生产的直联式多绳摩擦式提升机,为我国深部开采和大产量矿井及直流电动机拖动的推广应用,提供了性能良好、技术先进的设备。目前,以中信重型机械公司为代表,其配套设备从设计、制造、自动控制等各个方面,都具有体积小、质量轻、能力大、安全可靠等特点,已跻身世界先进行列。

目前,我国除中信重型机械公司生产矿井提升机外,还有上海冶金矿山机器厂和四川矿山机器有限公司等厂家。洛阳中信重型机械公司、株洲和湘潭矿山机械厂能够生产1.6~3.0m的液压防爆绞车(提升机)。

(二) 国外矿井提升机的发展与现状

国外矿井提升机的发展已有200年左右的历史。19世纪(1827年)随着蒸汽机的发明,出现了蒸汽机拖动的矿井提升机,这使提升机无论在结构上还是提升能力上都出现了一个大的飞跃。1905年由于电力的出现,电力拖动的提升机诞生,并迅速替代了蒸汽机拖动的提升机。随着电动机、电气技术的发展,尤其是近年来,微电子和计算机技术的发展,矿井提升机的拖动及控制技术有了飞速的发展和提高,确保提升设备安全运行的各种保护系统愈来愈完善,自动化运行程度愈来愈高,目前已能实现提升机运行与整个矿井提升系统连接,形成一个自动运行系统。

现在世界许多国家的工业发展表明:随着采掘工业的发展,开采的深度将会日益增加,矿井生产也将日益走向集中化、大型化,而矿井提升机也随之相应发展,由单绳缠绕式提升机发展到多绳摩擦式提升机,提升速度加快,最高达到20m/s,单次提升量也日益增大。能

够反映出当前矿井提升机世界先进技术水平的参数是：

① 提升机直径已达 9m；

② 一次提升有效负荷为 50t；

③ 提升机单台的功率已达 14573kW；

④ 最多绳数为 10；

⑤ 井深达 2000m 以上。

例如，瑞典的基鲁那铁矿，在一个矩形的井塔上安装了 12 台多绳摩擦式提升机（其中 9 台单箕斗提升机，2 台双箕斗提升机和 1 台罐笼提升机），每小时提升能力近万吨，各台提升机均由综合控制台进行集中控制。

四、矿井提升设备的组成及分类

矿井提升设备主要由提升容器、提升钢丝绳、提升机、天轮、井架、装卸载设备及电气设备等组成。矿井提升设备有以下几种分类方法。

（1）按用途分，可分为主井提升设备和副井提升设备。主井提升设备主要用于提升煤炭和矿物；副井提升设备主要用于提升矸石，升降人员、设备，下放物料等。

（2）按提升容器分，可分为箕斗提升设备和罐笼提升设备。箕斗提升设备用于主井提升；罐笼提升设备对于大型矿井只用于副井提升，对于小型矿井也可兼作主井提升。

（3）按提升机类型分，可分为缠绕式提升设备和摩擦式提升设备。

（4）按井筒倾角分，可分为立井提升设备和斜井提升设备。

（5）按拖动方式分，可分为交流提升设备和直流提升设备。

（6）按滚筒的数量分，可分为单绳单筒提升设备和单绳双筒提升设备。

（7）按传动方式分，可分为蒸汽机传动提升设备、电动机传动提升设备、液压传动提升设备。

五、矿井提升系统

由于提升容器及提升机的结构和原理不同，煤矿提升设备可构成不同的提升系统，常见的矿井提升系统有：

① 主井箕斗提升系统；

② 副井罐笼提升系统；

③ 多绳摩擦（主、副井）提升系统；

④ 斜井串车提升系统；

⑤ 斜井箕斗提升系统。

下面只简单介绍常见的两种立井提升系统。

（1）立井箕斗提升系统　如图 1-2 和图 1-3 所示为地面布置的单绳缠绕式提升机箕斗提升系统示意图。

从井下采出的煤炭，通过位于井底车场硐室中的翻车机 8 卸入井下煤仓 9 中，再经过装载设备 11，将煤炭装入停在井底的空箕斗中，此时，重箕斗 4 正位于地面井架 3 上的卸载曲轨 5 处，在卸载曲轨的作用下，把煤炭卸入井口煤仓 6 中，再经胶带输送机运走。

上下两个箕斗分别与两根钢丝绳连接，两根钢丝绳绕过井架上的天轮后，以相反的方向缠绕于提升机滚筒上。当提升机运转时，钢丝绳就一上一下往返提升重箕斗和下放空箕斗，如此反复地完成矿井提升任务。

图 1-2　单绳缠绕式提升机箕斗提升系统

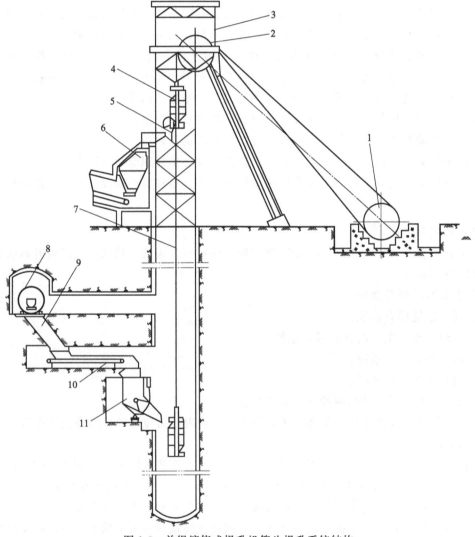

图 1-3　单绳缠绕式提升机箕斗提升系统结构

1—提升机；2—天轮；3—井架；4—箕斗；5—卸载曲轨；6—煤仓；
7—钢丝绳；8—翻车机；9—井下煤仓；10—给煤机；11—装载设备

（2）立井多绳摩擦提升系统　如图 1-4 所示为多绳摩擦提升系统。

几根提升钢丝绳等距离地搭在主导轮的衬垫上，钢丝绳两端分别与提升容器和另一个提升容器（或平衡锤）相连。尾绳的两端分别与提升容器和平衡锤（或提升容器）底部相连，尾绳自由地悬挂在井筒中。尾绳用来平衡提升钢丝绳所造成的两端张力差。当电动机带动主导轮转动时，通过衬垫与提升钢丝绳之间产生的摩擦力带动提升钢丝绳及容器往复升降，完成提升任务。导向轮用于增加钢丝绳在主导轮上的围包角或缩小提升中心距。

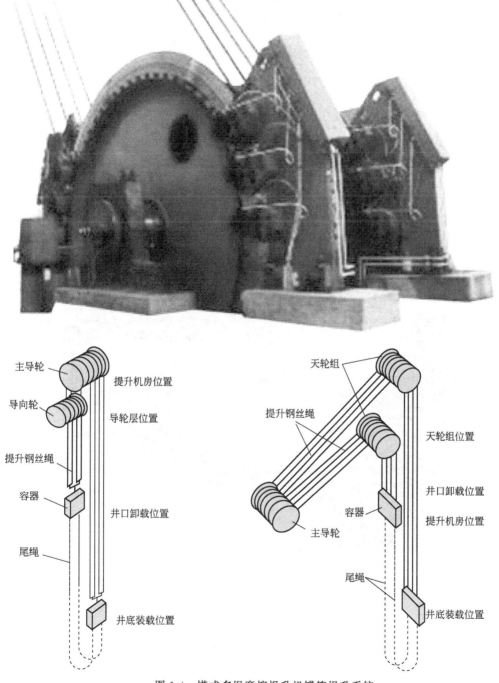

图 1-4　塔式多绳摩擦提升机罐笼提升系统

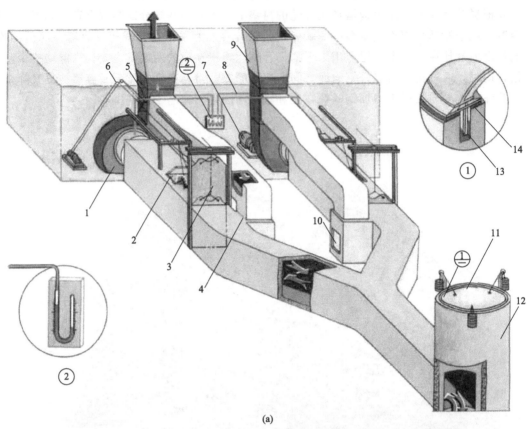

(a)

(b)

图 1-5　矿井通风装置立体示意和通风机

1—通风机；2—反风进风门；3—倒机闸门；4—反风筒；

5—反风门；6—导向滑轮；7—电机；8—传压管；

9—扩散器；10—检查门；11—防爆盖；12—回风井；

13—密封水槽；14—密封胶垫；

①—防爆盖密封装置；②—压差计

平衡锤提升系统可以降低提升机的最大静张力差，相应地降低电动机的最大拖动力。这种提升系统适应于多水平提升。

六、井口设施形式

井口设施形式是指覆盖井架的井口建筑设施。除了与提升系统有关外，还与矿井通风方式有直接关系。如图1-5所示是矿井通风装置立体示意和通风机。

采用压入式通风方式的矿井，风机一般设在副井井口附近，井口风压大于大气压力。井口设施如图1-6所示。其覆盖井架的井口建筑，其门、窗一般为封闭式，这样保证新鲜空气顺利进入副井，从而防止在井口四散。

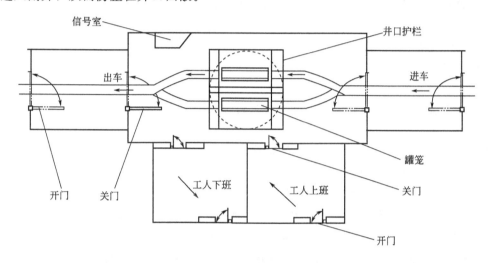

图1-6　压入式通风的井口建筑俯视示意

采用抽出式通风方式的矿井，风机一般设在场区外面，副井口正常风压小于大气压力，井口设施（如图1-7所示）一般为敞开式，即覆盖井架的井口建筑，其进出口敞开，有利于新鲜空气顺利吸入副井（实为大气压入）。

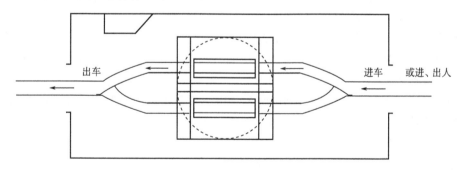

图1-7　抽出式通风的井口建筑俯视示意

思考与练习

（1）简述矿井提升运输系统。

（2）矿井提升设备的主要组成部分有哪些？

（3）矿井提升系统的类型、用途如何？

（4）简述井口设施形式有哪些。

分任务二　认识矿井提升机组成

能力目标

① 能指出矿井提升机的主要组成；
② 能说出矿井提升机的工作原理；
③ 能说出矿井提升机主要组成部分的作用及结构原理。

知识目标

① 矿井提升机的主要组成；
② 矿井提升机的工作原理；
③ 矿井提升机主要组成部分的作用及结构原理。

一、矿井提升机的主要组成、作用及原理

(一) 矿井提升机主要组成

如图 1-8 所示为 JK 型矿井提升机布置。矿井提升机作为一个大型的机械-电气机组，它的主要组成有：工作机构（包括主轴装置及主轴承）；制动系统（包括制动器和制动器控制装置）；机械传动装置（包括减速器、离合器和联轴器）；润滑系统（包括润滑油泵站和管路）；检测及操纵系统（包括操纵台、深度指示器及传动装置和测速发电装置）；拖动、控制和自动保护系统（包括主电动机、电气控制系统、自动保护系统和信号系统）以及辅助部分（包括机座、机架、护罩、导向轮装置和车槽装置）等。

(二) 主要组成部分的作用

1. 工作机构的作用（包括主轴装置及主轴承）

① 缠绕或搭放提升钢丝绳；
② 承受各种正常载荷（包括固定静载荷和工作载荷），并将此载荷经过轴承传给基础；
③ 承受在各种紧急制动情况下所造成的非常载荷，在非常载荷作用下，主轴装置的各部分不应有残余变形；
④ 当更换提升水平时，能调节钢丝绳的长度（仅限于单绳缠绕式双滚筒提升机）。

2. 制动系统（包括制动器和液压传动装置）

(1) 制动器的作用

① 在提升机停止工作时，能可靠地闸住滚筒；
② 在减速阶段及下放重物时，参与提升机的控制；
③ 紧急制动情况时，能使提升机安全制动，迅速停车；
④ 双筒提升机在调节钢丝绳的长度时，应能制动住提升机的游动滚筒。

(2) 制动器控制装置的作用

① 调节制动力矩；
② 在任何事故状态下进行紧急制动（即安全制动）；
③ 为单绳双滚筒提升机调绳装置的调绳离合器油缸提供所需的压力油。

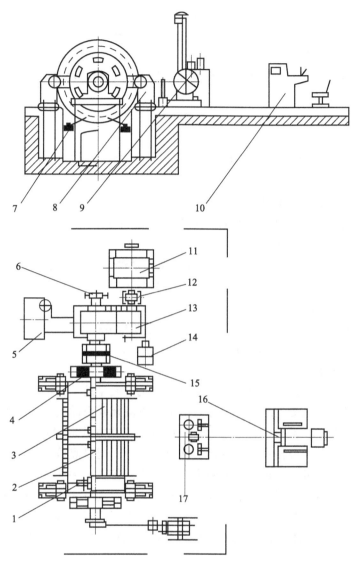

图 1-8 JK 型矿井提升机布置

1—调绳装置；2—主轴；3—卷筒；4—主轴承；5—润滑油站；6—圆盘式深度指示器传动装置；7—锁紧器；

8—盘形制动器；9—牌坊式深度指示器；10—斜面操作台；11—电动机；12—弹簧联轴器；

13—减速器；14—测速发动机；15—齿轮离合器；16—圆盘式深度指示器；17—液压站

3. 机械传动系统

机械传动系统包括减速器和联轴器。

（1）减速器的作用　根据提升速度的要求，提升机主轴的转速一般在 20～60r/min 之间，而拖动提升机的电动机转速，通常在 480～960r/min 的范围内。因此，除采用低速直流电机拖动外，不能把电动机与主轴直接连接，必须经过减速器减速。因而减速器的作用是减速和传递动力。

（2）联轴器的作用　主要是用来连接提升机的旋转部分，并起传递动力的作用。

4. 润滑系统的作用

在提升机工作时，不间断地向主轴承、减速器轴承和啮合齿面压送润滑油，以保证轴承和齿轮能良好地工作。润滑系统必须与自动保护系统和主电动机联锁,即润滑系统失灵时(如润滑油压力过高或过低、轴承温升过高等),主电动机断电,提升机进行安全制动。启动主电动机之前,必须先开动润滑油泵,以确保提升机在充分润滑的条件下工作。

5. 检测及操纵系统(包括操纵台、深度指示器及传动装置和测速发电装置)

(1)操纵台的作用

① 操纵台上装有各种手把和开关,是操纵提升机完成提升、下放及各种动作的操纵装置;

② 操纵台上装有各种仪表,向司机反映提升机的运行情况及设备的工作状况。

(2)深度指示器的作用

① 指示提升容器的运行位置;

② 容器接近井口卸载位置和井底停车场时,发出减速信号;

③ 当提升机超速和过卷时,进行限速和过速保护;

④ 对于多绳摩擦式提升机,深度指示器还能自动调零,以消除由于钢丝绳在主导轮摩擦衬垫上的滑动、蠕动和自然伸长等造成的指示误差。

(3)测速发电装置的作用

① 通过设在操纵台上的电压表向司机指示提升机的实际运行速度;

② 参与等速运行和减速阶段的超速保护。

6. 拖动、控制和自动保护系统

拖动、控制和自动保护系统包括主电动机、电气控制系统、自动保护系统和信号系统。

主拖动电动机可采用交流绕线型感应电动机或直流他励电动机。直流拖动较之交流拖动的优点是:调速性能好,且与负荷大小无关;从一种工作方式向另一种工作方式转换方便;低速特性硬;调速时电能消耗小以及容易实现自动化等。但是直流拖动需要增加一套整流装置,特别是采用变流机组时,需要增加两个与主电机同等大小的大型电机。交流拖动虽然没有直流拖动的优点,但在采用了双电机拖动、动力制动、低频制动和微机拖动等措施之后,交流拖动在技术性能上基本满足了提升机的要求,获得了广泛的应用。目前我国因受高压换向器和交流接触器容量的限制,单机1000kW以上,双机2×1000kW以上时才使用直流拖动。

但是随着电子工业的发展,将使直流拖动的应用范围有所扩大。今后在大容量的副井提升和多绳摩擦提升上,PLC控制的拖动方式将会更加广泛。

交流低压电动机为JR型,交流高压电动机为JR、JRQ、JRZ或YR型,直流电动机为ZD型或ZJD型。

自动保护系统的作用是在司机不参与的情况下,发生故障时能自动将主电动机断电并同时进行安全制动而实现对系统的保护。

(三)工作原理

目前我国广泛使用的提升机可分为两大类:单绳缠绕式和多绳摩擦式。

单绳缠绕式提升机的工作原理是把钢丝绳的一端缠绕在提升机滚筒上,另一端绕过天轮悬挂提升容器,这样,利用滚筒转动方向的不同,将钢丝绳缠上或放松,以完成提升或下放提升容器的任务。目前这种提升机在我国矿山应用比较广泛。

多绳摩擦式提升机的工作原理是把钢丝绳搭放在主导轮(摩擦轮)上,两端各悬挂一个提升容器(也可一端悬挂平衡锤),当电动机带动主导轮转动时,借助于安装在主导轮的衬垫与钢丝绳之间的摩擦力传动钢丝绳,完成提升和下放重物的任务。这种提升机体积小、质量轻、提升能力大,适用于中等深度和比较深的矿井(不超过 1700m),是提升机发展的方向。

二、单绳缠绕式提升机

单绳缠绕式提升机按滚筒的数目不同,分为单滚筒和双滚筒提升机两种。单滚筒提升机只有一个滚筒,一般用于单钩提升,目前在大型矿井应用较少。双滚筒提升机在主轴上装有两个滚筒,其中一个与主轴用键固接,称为固定滚筒或死滚筒;另一滚筒滑装在主轴上,通过调绳离合器与主轴连接,称为游动滚筒或活滚筒。将两个滚筒做成这种结构是为了在需要调绳及更换提升水平时,两个滚筒可以有相对运动。下面以 JK 系列双滚筒提升机为例介绍其性能和结构。

(一)主轴装置

JK 型双滚筒提升机主轴装置结构如图 1-9 所示。主轴装置是提升机的主要工作和承载部分,包括滚筒、主轴、主轴承以及调绳离合器等。固定滚筒的右轮毂用切向键固定在主轴上,左轮毂滑装在主轴上。游动滚筒的右轮毂经衬套滑装在主轴上,装有专用润滑油杯,以保证润滑,衬套用于保护主轴和轮毂,避免在调绳时轴和轮毂的磨损和擦伤。左轮毂用切向键固定在轴上,并经调绳离合器与滚筒连接。滚筒为焊接结构,轮辐由钢板制成。筒壳外边一般均装有木衬,木衬上车有螺旋绳槽,以便使钢丝绳有规则地排列,并减少钢丝绳的磨损。

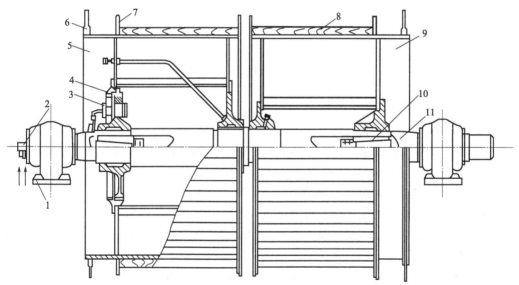

图 1-9　JK 型双滚筒提升机主轴装置

1—主轴承;2—密封头;3—调绳离合器;4—尼龙套;

5—游动滚筒;6—制动盘;7—挡绳板;8—衬木;

9—固定滚筒;10—切向键;11—主轴

双滚筒提升机都装有调绳离合器,其作用是使游动滚筒与主轴连接或脱开,以便需要调节绳长或更换提升水平时,两个滚筒可以有相对运动。调绳离合器主要有三种类型:齿轮离合器、摩擦离合器和蜗轮蜗杆离合器。应用最多的是齿轮离合器。

如图 1-10 所示为 JK 系列提升机齿轮离合器的结构。齿轮的离合采用液压控制。游动滚筒的左轮毂通过键与主轴相连，在该轮毂上沿圆周的三个孔中装有离合油缸，离合油缸通过三个销子将轮毂与外齿轮联结在一起，将力矩传到滚筒上。离合油缸的左端盖同缸体一起用螺钉固定在外齿轮上，外齿轮滑装在游动滚筒的左轮毂上，因此当压力油进入油缸时，活塞不动，而缸体沿缸套移动。若向油缸左腔供压力油，右腔接油池，缸体便同外齿轮一起向左移动，使外齿轮与内齿圈脱离啮合，游动滚筒与主轴脱开；若向油缸右腔供油左腔回油，离合器接合，游动滚筒与主轴相连。调绳离合器在提升机正常工作时，左右腔均无压力油。

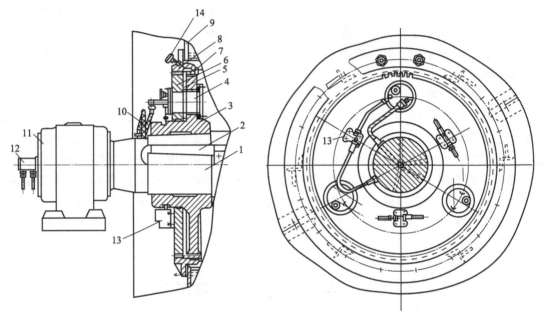

图 1-10　JK 系列提升机齿轮离合器的结构

1—主轴；2—键；3—轮毂；4—离合油缸；5—橡胶缓冲垫；6—齿轮；7—尼龙瓦；8—内齿轮；
9—滚筒轮辐；10—油管；11—主轴承；12—密封头；13—联锁阀；14—油杯

橡胶缓冲垫的作用是齿轮向右移动时起缓冲作用。

联锁阀是一个安全保护装置。其阀体固定在齿轮的侧面，离合器处于合上状态时，阀中的活塞销靠弹簧的作用力牢牢地插在游动滚筒左支轮上的凹槽中，这样，可以防止在提升机运转过程中，调绳离合器因振动等原因而自动脱开造成事故。

密封头由密封体、空心轴、空心管等组成，主轴转动时，空心轴、空心管与主轴一起转动，而密封体与进油管一起不动，从而把油缸的油路连接起来。密封头是调绳离合器的进油装置，因为在提升机正常运转或调绳时，调绳油缸都和主轴一起转动，而压力油源是固定不动的，因而就必须有一个装置把进油管和油缸连接起来，密封头就起这一作用。

调绳离合器的控制系统如图 1-11 所示。L 管和 K 管与液压站四通阀相连，四通阀动作时，可以使 K 管或 L 管分别接压力油和油池，当 K 管接压力油而 L 管接油池时，离合器打开，反之离合器合上。其油路系统为：

离合器打开：压力油→K 管→n→m→s→r（压力油将活塞销顶起，活塞销下端离开轮毂凹槽，解除闭锁，同时使 r 的空间与 j 孔相通）→j→i→g→f→e→离合油缸左腔；

离合油缸右腔→d→c→b→a→L 管→油池。缸体带动外齿轮向左移动，直到与内齿圈脱开。离合器合上：压力油→L 管→a→b→c→d→离合油缸右腔；

离合油缸左腔→e→f→g→h→i→j→p（顶开钢球）→q→s→m→n→K 管→油池。缸体

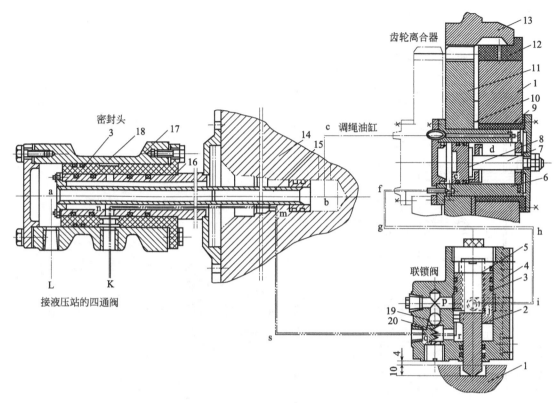

图 1-11 调绳离合器的控制系统

1—轮毂；2—活塞销；3—O形密封圈；4—阀体，5，20—弹簧；6—缸体；7—活塞杆；8—活塞；
9—缸套；10—橡胶缓冲垫；11—齿轮；12—尼龙瓦；13—内齿轮；14—主轴；15—空心管；
16—空心轴；17—轴套；18—密封体；19—钢球

带动外齿轮向右移动，直到与内齿圈啮合。

联锁阀的阀体 4 固定在齿轮的侧面，阀中的活塞销 2 靠弹簧 5 的作用牢牢地插在轮毂 1 的凹槽中，以防止提升机在运转中因振动等原因使齿轮脱出造成事故。

（二）减速器

矿井提升机所配用的减速器，按结构形式可分为平行轴减速器和行星齿轮减速器两种。其中平行轴减速器又有双输轴和单输轴之分；行星齿轮减速器有一级行星和二级行星。减速器按齿形来分，有渐开线齿形和圆弧齿形两种。

（三）深度指示器

深度指示器是矿井提升机不可缺少的一种起到检测保护作用的设施。目前矿井使用的深度指示器有机械牌坊式、圆盘式和数字式三种。过去生产的 KJ 系列提升机采用机械牌坊式深度指示器，这种深度指示器目前在我国矿山仍使用较多，优点是指示清楚、工作可靠；缺点是体积大、指示精度不高、不便于实现提升机远距离控制。JK 系列提升机采用了圆盘式深度指示器，也有牌坊式，还有圆盘和机械共同使用的。在新建和技术改造后的矿井中数字式深度指示器已开始应用，它解决了机械牌坊式指示精度不高和圆盘式指示不直观清楚的缺点，这种深度指示器在矿井提升机上必将得到越来越广泛应用。

1. 圆盘式深度指示器

圆盘式深度指示器由两部分组成，即深度指示器传动装置（发送部分）和深度指示盘

（接收部分）。如图 1-12 和图 1-13 所示。

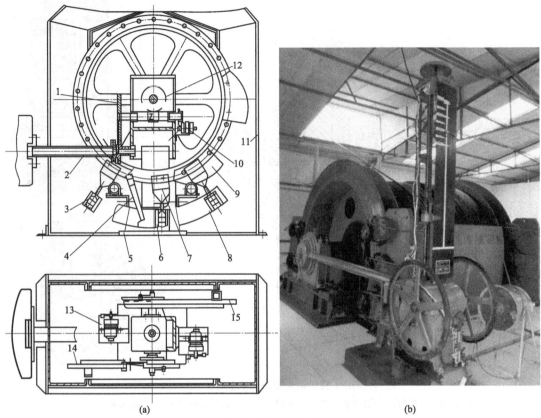

(a)　　　　　　　　　　　　　(b)

图 1-12　圆盘式深度指示器传动装置

1—传动轴；2—更换齿轮；3—过卷开关；4—右轮锁紧装置；5—机座；6—减速开关；7—碰板装置；
8—开关架装置；9—限速凸轮板；10—发送自整角机装置；11—外罩；12—自整角机限速装置；
13—右限速圆盘；14—左限速圆盘；15—蜗轮蜗杆

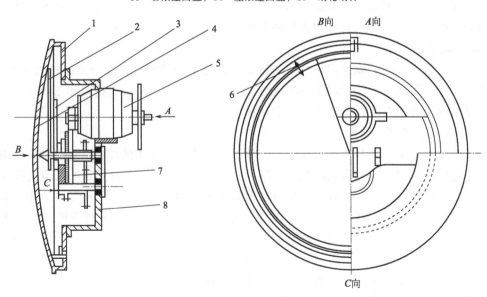

图 1-13　圆盘式深度指示器

1—指本圆盘；2—精针；3—粗针；4—有机玻璃罩；5—接收自整角机；6—停车标记；7—齿轮；8—架子

深度指示器传动装置中，传动轴经过齿轮传动，将其旋转运动传给发送自整角机。该自整角机再将信号传给圆盘深度指示盘上的接收自整角机，两者组成电轴，实现同步联系，从而达到指示容器位置的目的。深度指示盘上有粗针和精针，由于粗针在一次提升过程中仅转动 250°～350°，所以粗针指示的容器位置是粗略的。为了精确的指示容器的位置，由接收自整角机经过齿轮带动精针指示盘上的精针进行指示。由于精针只在容器接近井口时才转动并且其旋转速度是粗针的几十倍，故精针能较精确地指示容器的位置（指示误差在 200mm 以内）。

2. 数字式深度指示器

DPV 型数字式深度指示器是矿井提升机机电一体化专用电子部件，具有标准电平的并行接口电路和标准 RS232C 串行接口电路，可以方便的与可编程控制器（PLC）或工业控制计算机等具有相应接口的控制装置配套使用，装在操作台上作为提升容器的粗针指示和精针指示，该数字式深度指示器由六位数字显示器组成，能显示容器所处的位置及其正负号。数字式深度指示器具有四象限深度指示功能，即：井口停车点为±0，停车点以上为＋，表示过卷距离。停车点以下为－，表示容器在井筒中的位置。深度指示器的分辨率为 0.01m，最大指示高度为＋999.99m。

通过软件编程，PLC 将计数值同预置值进行比较，从而设置各种位置点，如减速点、精针投入点、限速点、各水平停车点等。在提升机的运行过程中，PLC 发出不同的位置信号，并根据提升工艺完成相应的操作控制。

由于 PLC 中采取数据保护措施，深度指示值不会出现因停电而造成与实际值不符，即所谓的失步的现象。为了防止由于钢丝绳滑动、蠕动引起的深度指示误差，PLC 系统对深度值进行自动校正以保证指示精度。

（四）制动系统

制动系统是提升机的重要组成部分，它由制动器（执行机构，也称为闸）和传动机构组成。制动器是直接作用于制动轮或制动盘上产生制动力矩的部分，按结构分为块式闸和盘式闸两种；传动机构是控制及调节制动力矩的部分，按传动能源分为油压、气压和弹簧等。KJ 系列提升机采用油压或气压块闸制动系统；JK 系列提升机采用油压盘闸制动系统。下面仅对油压盘闸制动系统做介绍。

1. 盘式制动器（盘式闸）

盘式制动器是应用于矿井提升机上的新型制动器，它的特点是闸瓦不作用于制动轮上，而是作用于制动盘上。它与块闸制动器相比，具有体积小、质量轻、惯量小、结构紧凑、动作灵敏、安全可靠、制动力矩可调性好、零件通用、维修方便等优点。盘式制动器的另一个特点是多副制动器同时工作，根据所要求的制动力矩的大小，每一台提升机少者两副，多者四副、六副、八副等（每一对为一副），假若部分制动器失灵，一般情况下仍可制动提升机。如图 1-14 所示为盘式制动器的结构。

两个制动缸组件装在支座 2 上，支座 2 为整体铸钢件，经过垫板 1 用地脚螺栓固定在基础上，内装活塞 5、柱塞 11、调整螺栓 6、碟形弹簧 4 等零件，制动器体 9 可以在支座的内孔往复移动。闸瓦 14 用铜螺钉或燕尾槽的形式固定在衬板 13 上。

盘式制动器的工作原理如图 1-15 所示。它是靠碟形弹簧产生制动力，靠油压松闸。当压力油充入油缸，推动活塞压缩盘形弹簧，并带动制动器体和闸瓦离开制动盘，呈松闸状态；当油缸内油压降低，盘形弹簧就恢复其压缩变形，靠弹簧力推动制动器体、闸瓦，带动

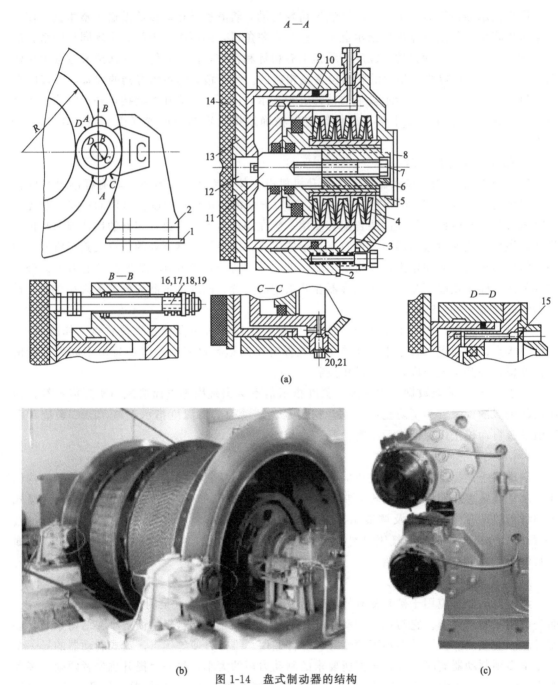

(a)

(b)　　　　图 1-14　盘式制动器的结构　　　　(c)

1—垫板；2—支座；3—油缸；4—碟形弹簧；5—活塞；6—调整螺栓；7—螺钉；8—端盖；
9—制动器体；10—密封圈；11—柱塞；12—销子；13—衬板；14—闸瓦；15—放气螺钉；
16—回复弹簧；17—螺栓；18—衬垫；19—螺母；20—塞头；21—衬垫

活塞移动，使闸瓦压向制动盘进行制动。制动状态时，制动力的大小取决于油缸内工作油的压力，当缸内油压为最小时，弹簧力几乎全部作用在活塞上，此时制动盘上正压力最大，呈制动状态；反之，当工作油压为系统最大油压时，呈全松闸状态。

2. 液压站

液压站是在工作制动时，产生不同的工作油压，以控制盘式制动器获得不同的制动力

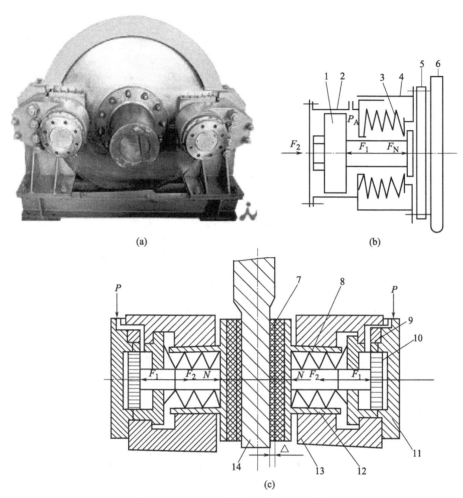

图 1-15　盘式制动器的工作原理及结构
1,10—活塞；2—液压缸；3—碟形弹簧；4—筒体；5,7—闸瓦；
6—制动盘；8—盘形弹簧；9—油缸；11—后盖；
12—制动器体；13—制动器；14—制动盘

矩；在安全制动时，能迅速回油，实现二级安全制动；是产生压力油控制双滚筒提升机游动滚筒的调绳装置。

液压站的工作原理如图 1-16 所示。液压站有两套压力源，一套工作，一套备用。

（1）工作制动　正常工作时，电磁铁 G_1、G_2、G_5 断电，G_3、G_3' 和 G_4 通电，叶片泵产生的压力油经滤油器 4、液动换向阀 7、安全制动阀 9、10 的右位，经过 A 管、B 管分别进入固定滚筒和游动滚筒的盘式制动器油缸。工作油压的调节，由并联在油路的电液调压装置 5 及溢流阀 6 相互配合进行，电液调压装置工作原理如图 1-17 所示。制动时，司机将制动手把拉向制动位置，在全制动位置时，自整角机发出的电压为零，对应的电液调压装置动线圈输入电流为零，挡板处在最上面位置，油从喷嘴流出，液压站压力最低，盘式制动器进行制动；松闸时，将制动手把拉向松闸位置，在全松闸位置时，自整角机发出的电压约为 30V，相应的动线圈输入电流约为 250mA，挡板处在最下面位置将喷嘴全部盖住，液压站压力为最大工作油压，进行松闸。制动手把位置不同，液压站供油压力不同，从而可以产生不同的制动力矩。

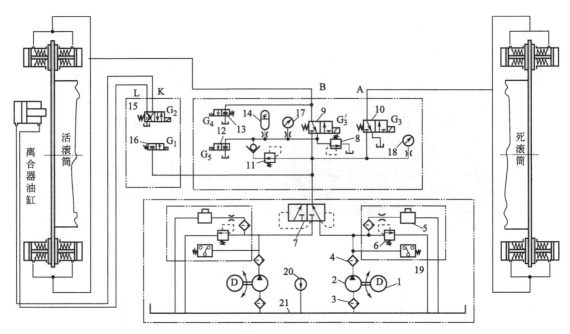

图 1-16　液压站的工作原理

1—电动机；2—油泵；3—网式滤油器；4—纸质滤油器；5—电液调压装置；6—溢流阀；7—液动换向阀；
8—溢流阀；9,10—安全制动阀；11—减压阀；12,13—电磁阀；14—弹簧蓄能器；15—二位四通阀；
16—二位二通阀；17,18—压力表；19—压力继电器；20—温度表；21—油箱

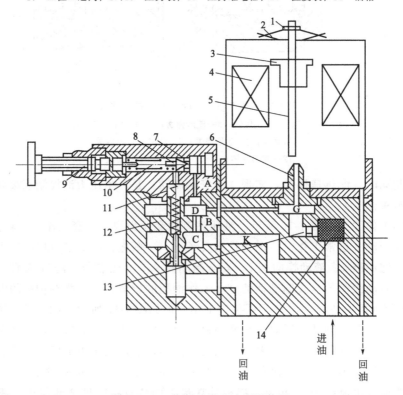

图 1-17　工作制动及电液调压装置

1—固定螺钉；2—十字弹簧；3—动线圈；4—永久磁铁；5—控制杆；6—喷嘴；7—中空螺钉；8—先导阀；
9—调压螺栓；10—定压弹簧；11—辅助弹簧；12—滑阀；13—节流孔；14—滤芯

（2）安全制动　安全制动时，为保证既能以足够大的制动力矩迅速停车，又不产生过大的制动力矩而给设备带来过大的动负荷，要求采用二级安全制动。二级安全制动就是将提升机的全部制动力矩分成两级进行。施加第一级制动力矩后，使提升机产生符合《煤矿安全规程》规定的安全制动力矩，然后再施加第二级制动力矩，使提升机平稳可靠地停车。液压站工作原理为：当发生紧急情况时（包括全矿停电），电气保护回路中的 KT 线圈断电，电动机 1、油泵 2 停止转动，电磁铁 G_3、G_3' 断电，与 A 管相通的制动器中的压力油经阀 9 的左位迅速流回油池，该部分闸的制动力矩全部加到制动盘上；与 B 管相通的闸此时仅加上一部分制动力矩，提升机停住，实现第一级制动。经延时后，与 B 管相连的闸再把另一部分制动力矩加上，进行第二级制动。一级制动油压值由减压阀 11 和溢流阀 8 调定，通过减压阀 11 的油压值为 P_1'，故弹簧蓄能器 14 的油压为 P_1'，溢流阀 8 的调定压力为 P_1，P_1' 比 P_1 大 0.2～0.3MPa，P_1 即为第一级制动油压，当紧急制动时，由于 G_3' 断电，与 B 管相连的制动器压力油通过阀 10 的左位，一部分经过溢流阀 8 流回油箱，另一少部分进入弹簧蓄能器 14 内，使其油压增加到第一级制动油压 P_1，经过电气延时继电器的延时后，G_4 断电，使与 B 管相连的制动器的油压降为零，实现安全制动。

蓄能器的作用：在正常工作时，油泵经减压阀 11 向蓄能器充油，在一级制动后的延时过程中，若因泄漏引起一级制动油压降低时，蓄能器则向其补油，使一级制动油压保持基本稳定。

（3）调绳　调绳时，使电磁铁 G_3、G_3' 断电，提升机处于全制动状态。当需要打开离合器时，使 G_1、G_2 通电，高压油经阀 16、15 右位及 K 管进入调绳离合器的离开腔，使游动滚筒与主轴脱开。此时，使 G_3 通电，使固定滚筒解除制动，进行调绳；调绳结束，使 G_3 断电，固定滚筒又处于制动状态。使 G_3 断电，压力油经阀 15 左位及 L 管进入调绳离合器的合上腔，使游动滚筒与主轴合上。最后使 G_1 断电，切断油路，并解除安全制动，恢复正常提升。在整个调绳过程中，各电磁铁的动作及联锁动作均由操纵台上的调绳转换开关控制。

三、多绳摩擦提升机

由于单绳缠绕式提升机的提升高度受滚筒容绳量的限制，提升能力又受到单根钢丝绳抗拉强度的限制。所以当矿井产量要求很大，井筒又比较深时，采用单绳缠绕式提升机就不能满足生产的需要。为了适应现代矿井生产的需要，单绳摩擦式（已不用）和多绳摩擦式提升机就产生了。

摩擦式提升设备根据布置方式的不同，可分为井塔式和落地式两种。如图 1-18 所示。井塔式是把提升机安装在井塔上，其优点是布置紧凑、节约工业广场占地、不需天轮、改善了钢丝绳的工作条件，但是建造井塔费用较高、周期较长；落地式是把提升机安装在地面上，其优点是井架的建设费用较小，减少了矿井的初期投资，并且提高设备抵抗地震灾害的能力，但是相应的钢丝绳的寿命较井塔式短、换绳较麻烦。我国过去多用井塔式，近年来大多采用落地式。

多绳摩擦提升与单绳缠绕式提升相比，主要优点为：提升高度不受滚筒容绳量限制，适用于深井（不超过 1700m）提升；载荷由多根钢丝绳承担，钢丝绳直径较相同载荷下单绳提升小；摩擦轮直径小，提升机总质量小；提升电动机的容量和耗电量降低；钢丝绳的工作条件好；采用偶数根提升钢丝绳，其捻向左右各半，消除了提升容器在提升过程中的转动，减少了容器与罐道的摩擦阻力；采用多根钢丝绳提升，安全性大大提高。缺点是：数根钢丝绳

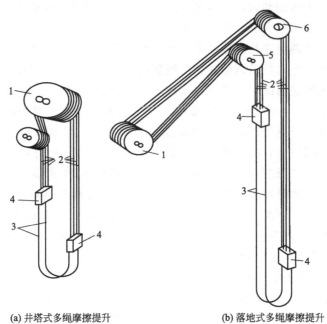

(a) 井塔式多绳摩擦提升　　　　　　　(b) 落地式多绳摩擦提升

图 1-18　多绳摩擦提升系统

1—摩擦轮；2—提升钢丝绳；3—尾绳；4—提升容器；5,6—导向轮

的悬挂、更换、调整、维护检修工作复杂，而且当一根钢丝绳损坏时需更换时，其它钢丝绳也需更换；因不能调节绳长，双钩提升不适应多水平提升；在超深井中，钢丝绳应力波动较大。

（一）JKM 型多绳摩擦提升机的结构

JKM 型多绳摩擦提升机由主轴装置、制动装置、联轴器、减速器、深度指示器、操纵装置、车槽装置及其它辅助设备组成。其中制动装置、联轴器、操纵装置等装置与单绳缠绕式提升机完全相同，故不再重复介绍。如图 1-19 所示为 JKM 系列多绳摩擦提升机的整体布置。Ⅰ型提升机是主导轮通过中心驱动共轴式的弹簧基座减速器与主电动机连接，此型提升机用于单电动机拖动，如图 1-19 所示；Ⅱ型提升机是主导轮通过侧动式的刚性基础减速器与主电动机连接，此型提升机可用于双电动机拖动，Ⅲ型提升机是不带减速器的，主导轮直接通过联轴器与主电动机连接，多用于直流拖动提升设备。

1. 主轴装置

主轴装置是由主导轮、主轴、滚动轴承和锁紧装置组成。

主导轮是用 16Mn 钢板焊接而成。大型的多绳摩擦提升机（2.8/4 以上）的主导轮带有支环结构，以增加主导轮的刚度。制动盘焊接在主导轮的端部，近年来，为了克服运输和安装的不便，制动盘采用组合方式连接，即用螺栓把制动盘与主导轮连接起来。根据提升能力的大小不同，提升机配备的制动器数不同，其结构如图 1-20 所示。

主轴用 45 钢锻造后经过加工而成。主轴与减速器（或电动机）采用刚性联轴器连接。主轴与铸钢轮毂采用热压配合。

主轴装置轴承采用滚动轴承（双列向心球面滚子轴承）右端滚动轴承由两端盖固定，不允许有轴向窜动，左端滚动轴承外圈两端盖与端盖止口之间留有 $1\sim2$ mm 间隙，以适应主轴受力弯曲和热胀冷缩而产生的轴向位移。每侧轴承端盖上下都有油孔，供清洗轴承时注放油使用，清洗完毕后油孔用丝堵堵死，防止脏物侵入。

(a)

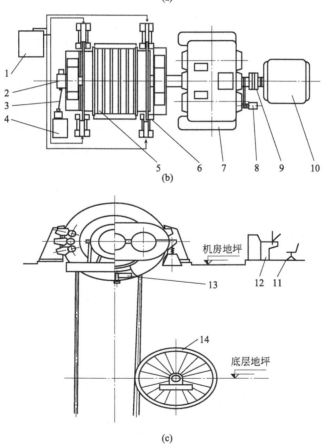

图 1-19　JKM I 型多绳摩擦提升机

1—液压站；2—精针发送装置；3—万向联轴器；4—深度指示系统；5—主导轮；6—盘形制动器；

7—减速器；8—测速发电机；9—弹簧联轴器；10—主电动机；11—司机座椅；

12—操纵台；13—车槽装置；14—导向轮

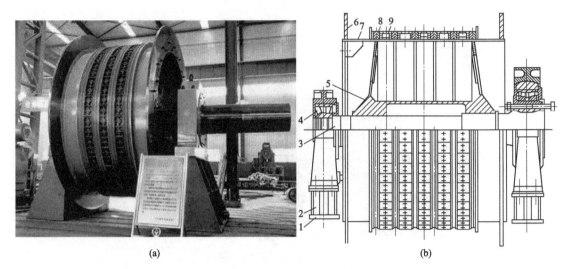

(a)　　　　　　　　　　　　　　　(b)

图 1-20　JKM 型多绳摩擦提升机主轴装置

1—垫板；2—轴承梁；3—主轴；4—滚动轴承；5—轮毂；6—制动盘；

7—主导轮；8—摩擦衬垫；9—固定块

锁紧装置为一枪栓式结构，主要是为更换钢丝绳、摩擦衬垫、维修盘形制动器时，为保证安全而设置的辅助部件。目前大多数 JKM 型提升机已不用锁紧器，而用一组或几组盘形制动器来锁紧主轴装置。

摩擦衬垫是用固定块和压块（由铸铝或塑料制成）通过螺栓固定在筒壳上，不允许在任何方向有活动，如图 1-21 所示。由于摩擦提升是靠摩擦力来传递动力的，并且摩擦衬垫还要承担着提升钢丝绳、容器、货载、尾绳的重力及运行中产生的动载荷与冲击载荷，所以要求摩擦衬垫必须具有足够的摩擦系数和较高的压缩强度及耐磨损能力。因此要求摩擦衬垫具有下列性能：

① 与钢丝绳对偶摩擦时有较高的摩擦系数，且摩擦系数受水、油的影响较小；

② 具有较高的比压和抗疲劳性能；

③ 具有较高的耐磨性能，磨损时粉尘对人和设备无害；

④ 在正常温度范围内，能保持其原有的性能；

⑤ 材料来源容易，价格便宜，加工和安装方便；

⑥ 应具有一定的弹性，能起到调整一定的张力偏差的作用，并减少钢丝绳之间蠕动量的偏差。

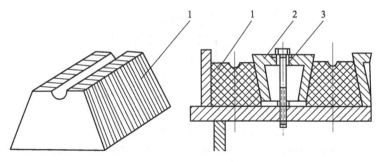

图 1-21　衬垫结构及安装示意

1—衬垫；2—压块；3—螺栓

衬垫的上述性能中最主要的是摩擦系数，提高摩擦系数将会提高提升设备的经济效果和安全性。

我国以前在多绳摩擦提升机上主要采用聚氯乙烯（PVC）衬垫。20 世纪 80 年代末已开始使用聚氨酯橡胶衬垫。摩擦系数可达 0.23 以上。近几年来，有关科研人员又研制出了新型高性能的摩擦衬垫，现已投入使用（摩擦系数可达 0.25 以上）。摩擦衬垫在使用中一定要压紧，要经常检查固定螺栓的紧固程度；要保持其清洁，不允许沾上油类，以防止降低摩擦系数。

2. 车槽装置

车槽装置的用途是在机器安装和使用过程中，在主导轮衬垫上车制绳槽，并根据磨损情况，不定期地对绳槽进行车削，以保证各绳槽直径相等，磨损均匀，并使各钢丝绳张力达到平衡。

车槽装置结构如图 1-22 所示。它安装在主导轮的下方，每个摩擦衬垫上都有一个单独的车刀装置相对应，可以进行单独车削，在车削绳槽时，先将各车刀与校准尺对齐，并将各车刀装置的刻度调整到零位。然后转动手轮即可进刀或退刀。

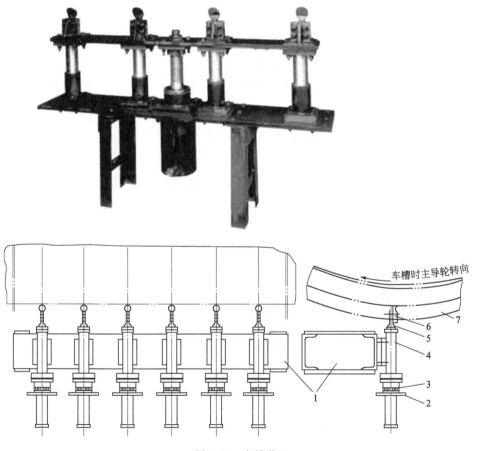

图 1-22　车槽装置

1—车槽架；2—手轮；3—刻度环；4—刀杆导套；5—刀杆；6—车刀；7—主导轮衬垫

3. 深度指示器

JKM 型多绳摩擦式提升机的深度指示器与 JK 型缠绕式提升机相比，增加了自动调零装置。JKM 型多绳摩擦式提升机在提升过程中，往往由于钢丝绳的弹性蠕动、钢丝绳相对摩擦衬垫的滑动及摩擦衬垫的磨损等原因，使粗针指示的容器位置与容器在井筒中的实际位置发生不一致的现象，或者容器超前于粗针指示位置，或者容器滞后于粗针指示位置。提升机每次提升终了，指针自动移动并消除由于上述原因造成的误差（精针由于是用井筒刷子开关接通的，离井口距离较短，影响也较小，每次又能复零，故不需要调零）。

调零装置传动系统如图 1-23 所示。该装置主要包括调零电动机 26，蜗轮 12、蜗杆 13，差

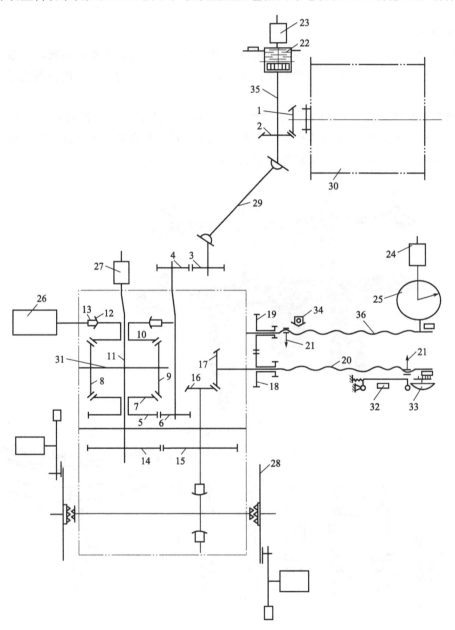

图 1-23 调零装置传动系统

1～10—齿轮；11—轴；12—蜗轮；13—蜗杆；14～19—齿轮；20—丝杠；21—粗针；22—离合器；
23—发送自整角机；24—接收自整角机；25—精针指示盘；26—调零电动机；27—调零自整角机；
28—限速圆盘；29—万向接头联轴器；30—提升机主导轮；31—调零差动机构；
32—减速开关；33—信号铃；34—信号指示器；35—传动轴；36—丝杠

动机构 31 及自整角机 27。自整角机为调零位置偏差发送器，在提升过程中自整角机不带电，随深度指示器空转。当提升容器准确到达停车位置，停车抱闸后就具备了自动调零的条件，这是自整角机通电，如果粗指针不在停车位置，自整角机相位有偏差，如若此偏差不大，自整角机的输出电压不足以使电器动作，则不能进行调零；只有当偏差超过了规定的范围，自整角机的输出电压足以使电器动作，则接通调零电动机，通过蜗轮、差动机构等使粗针在主电动机停止状态下得到向减少偏差的方向移动（限速圆盘也随着移动）直到偏差消除，调零电动机停止，调零完毕。在另一提升方向不进行调零即一个提升循环调零一次。

4. 钢丝绳张力平衡装置

多绳摩擦提示机在正常提升运行过程中，由于受各绳槽直径加工的偏差、各钢丝绳悬挂长度的偏差和各钢丝绳之间刚度偏差等因素的影响，造成各根钢丝绳受力不均。为了消除钢丝绳在使用中存在的不平衡问题，保证各提升钢丝绳之间的张力平衡，可以采取三方面的措施。

（1）在容器和钢丝绳连接处设有张力平衡装置　如图 1-24 所示为几种钢丝绳张力平衡装置。

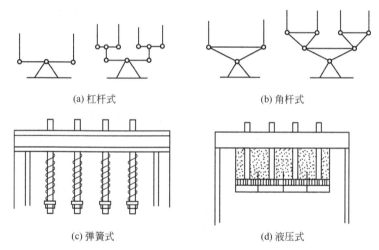

图 1-24　钢丝绳张力平衡装置

（2）定期调整钢丝绳张力差　定期调整钢丝绳的长度，使之均匀，调整钢丝绳长度的常用调整器有以下几种。

① 垫块式调整器　这种调整器用减少或增加垫块的数量来增长或缩短钢丝绳悬挂长度。这种调绳器比较简单，在国内外均有使用，其缺点是每次长度只能是楔块厚度的倍数，因而调绳效果不理想，其次是垫块易锈死，增减垫块比较困难。

② 螺旋式调整器　螺旋式调整器是人工旋动螺杆使之与螺母产生相对转动，从而可在一定范围内调整钢丝绳长度。其优点是结构简单、高度较小，调绳操作比垫块式方便，可以在终端载荷作用下对钢丝绳进行调整。缺点是螺杆有可能因生锈腐蚀等原因而不能旋动。

③ 螺旋液压式调绳器　螺旋液压式调绳器与楔形绳卡等组成螺旋液压式调绳悬挂装置。

螺旋液压式调绳器主要作用是调整钢丝绳在安装时的长度偏差以及运转后由于不同的残余伸长所引起的长度偏差。调绳的最大长度不能超过液压缸中的活塞行程，否则就必用楔形绳卡来调整绳长。

这种调绳装置的优点是：比用螺纹调整绳长精度高；可以在钢丝绳处于全负荷的条件下

进行调整，操作较迅速方便；能实现提升过程中的自行平衡。

（3）采用弹性摩擦衬垫　采用弹性大的摩擦衬垫，在很大程度上可以改善钢丝绳张力不平衡。我国的聚氨酯橡胶摩擦衬垫具有较好的弹性。

张力的测试：当采用定期调节钢丝绳长度以调整张力差时，必须知道各绳中的张力大小，以便当张力差达到一定值时进行调节。

为了测知张力，可在各绳的连接装置上安设测力计定期测定。也可利用测量钢丝绳"回波"时间来测量各钢丝绳的张力差，这个方法简单易行。先将有载重的容器下放到最低水平，但不能落在任何承接装置上。测量人员站在井塔上用手突然推动钢丝绳同时按动秒表，这时弹性波即沿钢丝绳向下传播，到了提升容器后反射回来，当传到原来推动钢丝绳的位置时，即明显地看到钢丝绳突然抖动，此时按停秒表，得到回波传递时间，钢丝绳张力越大，则回波时间越短（即波速大），依次对各绳进行测量，若各绳的时间相差超过10％时，应进行调绳。

（二）多绳摩擦提升防滑问题

多绳摩擦提升的钢丝绳是否在主导轮上滑动，决定于钢丝绳与摩擦衬垫之间是否有足够的摩擦力，这个摩擦力必须阻止钢丝绳与衬垫之间产生相对滑动。

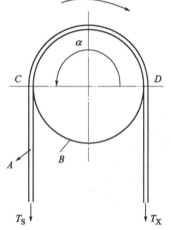

图 1-25　摩擦提升的传动原理

1. 防滑安全系数

摩擦提升的传动原理基于挠性体摩擦原理，如图 1-25 所示。钢丝绳 A 搭于主导轮 B 上，A 和 B 接触的一段弧 CD 叫做围包弧，该弧所对应的中心角叫做围包角，用 α 表示。设上升侧钢丝绳张力为 T_S，下放侧钢丝绳的张力为 T_X，钢丝绳与摩擦轮上摩擦衬垫之间的摩擦系数为 μ，摩擦力为 F，根据摩擦传动欧拉公式可知，在摩擦轮静止不动情况下，当 $T_S = T_X e^{\mu\alpha}$ 时，钢丝绳将开始在摩擦衬垫上滑动，此时钢丝绳与摩擦轮摩擦衬垫之间产生的摩擦力的极限值为：

$$F = T_X(e^{\mu\alpha} - 1) \tag{1-1}$$
$$e = 2.718$$

摩擦轮两侧钢丝绳的张力差为：

$$F = T_S - T_X \tag{1-2}$$

在摩擦传动中，张力差 F 是产生滑动的力。而摩擦力则 F_m 则是阻止滑动的，故在摩擦提升中不打滑的条件是：

即
$$F < F_m$$
$$T_S - T_X < T_X(e^{\mu\alpha} - 1) \tag{1-3}$$

若写成等式，则表示为：$T_X(e^{\mu\alpha} - 1) = \delta(e^{\mu\alpha} - 1)$

式中，δ 是等于或大于 1 的系数，很明显 δ 值越大则在提升过程中越不会发生打滑现象，δ 称为防滑安全系数。

$$\delta = \frac{T_X(e^{\mu\alpha} - 1)}{T_S - T_X} > 1 \tag{1-4}$$

式（1-4）称为防滑安全系数的分析计算式。在计算时，若 T_X 与 T_S 代表静力，则得静防滑安全系数，以 δ_j 表示；若 T_X 与 T_S 计入惯性力时，则得动防滑安全系数，以 δ_d 表示。

防滑安全系数的数值是决定整个提升设备安全性和经济性的指标之一。我国煤矿系统是采用煤矿设计规范的规定。

动防滑安全系数：$\delta_j \geqslant 1.25$

静防滑安全系数：$\delta_d \geqslant 1.75$

2. 增大防滑安全系数的措施

从式(1-4)可见，增大围包角 α、摩擦系数 μ 和下放端钢丝绳的张力 T_X 都可以增大防滑安全系数。

(1) 增大围包角 α

最常用的围包角有 $\alpha=180°$ 和 $\alpha=180°\sim195°$ 两种。

当 $\alpha=180°$ 时，提升系统具有结构简单、维修方便，提升钢丝绳只受单向弯曲，因而使用寿命较长等一些优点，设计时应优先考虑采用这种提升系统。与具有导向轮的提升系统相比，则围包角较小，提升能力较低；主导轮直径必须等于两提升钢丝绳中心距。

当 $\alpha=180°\sim195°$ 时，围包角增大了，可以改变两提升钢丝绳中心距。但是由于设置导向轮，增加了井架高度，钢丝绳有附加弯曲，降低了钢丝绳的使用寿命。实践证明：当 α 超过195°以后，钢丝绳工作条件显著恶化，使钢丝绳的使用寿命急剧下降。

(2) 提高摩擦系数 μ　摩擦系数与摩擦衬垫材料、钢丝绳断面形状等因素有关。因此若要提高摩擦系数 μ，应寻找高摩擦系数、高比压和耐磨损的新型衬垫材料；在选择钢丝绳时，优先选用密封股钢丝绳或异型股钢丝绳，以增加钢丝绳在衬垫上的接触面积；在钢丝绳使用过程中可涂摩擦脂（戈培油）的方法，以增大 μ 值并起保护钢丝绳的作用。

(3) 提高下放端钢丝绳的张力 T_X　因为下放端多为空容器，所以采取下列措施。

采用尾绳，以增加空载端钢丝绳的张力，因而摩擦提升全部使用尾绳，设计上一般都采用等重（或接近等重）尾绳提升系统。若采用重尾绳，提升系统在减速阶段的动防滑性能有所下降，因而实际上采用很少。

加大容器的自重。一般多绳摩擦提升箕斗或罐笼除用厚钢板制造外，由于箕斗自重较小，往往需要增加配重（罐笼自重较大，不需要增加配重）以提高下放端钢丝绳的张力 T_X。

采用单容器带平衡锤的提升系统。因为平衡锤的质量等于容器自重加有效提升量之半，由于受到最大静张力的限制，故静张力差往往为双容器提升时静张力差之半。静张力差减小，防滑安全系数增大，可扩大提升的应用范围，且此种系统有利于多水平提升，因而获得了广泛的应用。

对于双罐笼提升系统，一般在上提货载时，在下放端的空罐笼中要放入空矿车，来提高下放端钢丝绳的张力。

(4) 控制最大加、减速度，减小动载荷　可以通过电气控制和制动系统来实现。

思考与练习

(1) 多绳摩擦提升机的结构。

(2) 矿井提升机的主要组成部分有哪些？

(3) 盘式制动器的结构。

(4) 矿井提升机的工作原理如何？

(5) 盘式制动器的工作原理如何？

(6) 钢丝绳张力平衡装置分几种？

分任务三　提升容器的构造认识与应用

一、提升容器的作用、类型

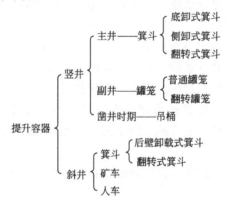

箕斗用于提煤；罐笼用于提人、提矿车和设备；建井提升用吊桶；斜井为串车或箕斗。

二、立井底卸式箕斗

箕斗是有益矿物和矸石的提升容器。根据卸载方式的不同，箕斗有翻转式、侧壁下部卸载式和底卸式三种，我国煤矿多采用底卸式箕斗，底卸式箕斗有扇形闸门和平板闸门两种，新型矿井和改造后的矿井广泛应用平板闸门。

平板闸门箕斗（见图 1-26）与扇形闸门箕斗相比，有以下优点：闸门结构简单、严密；关闭闸门时冲击小；卸载时撒煤少；由于闸门是向上关闭，对箕斗存煤有向上捞回的趋势，故当煤未卸完（煤仓已满）产生卡箕斗而造成断绳坠落事故的可能性小；箕斗卸载时，闸门开启主要借助煤的压力，因而传递到卸载曲轨上的力较小，改善了井架受力状态等。过卷时

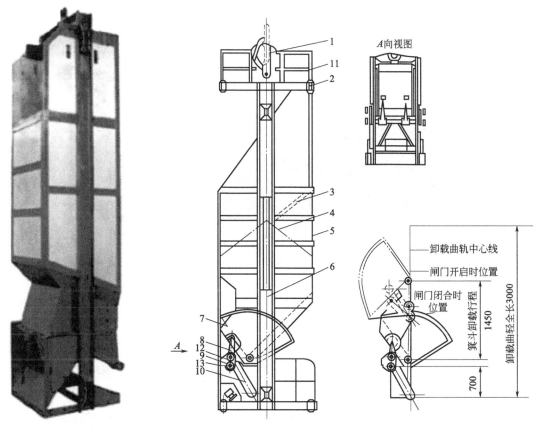

图 1-26　平板闸门底卸式箕斗

1—连接装置；2—罐耳；3—活动溜槽板；4—堆煤线；5—斗箱；

6—框架；7—闸门；8—连杆；9—滚轮；10—曲轴；

11—平台；12—滚轮；13—机械闭锁装置

闸门打开后，即使脱离了卸载曲轨也不会自动关闭，因此可以缩短卸载曲轨的长度。

这种闸门的缺点主要是箕斗运行过程中，由于煤重力作用使闸门处于被迫打开的状态。因此，箕斗必须装设可靠的闭锁装置（两个防止闸门自动打开的扭转弹簧）。如闭锁装置一旦失灵，闸门就会在井筒中自行打开，打开的闸门就会撞坏罐道、罐道梁及其它设备；并污染输井空气，增加井筒的清理工作量；也有砸坏管道、电缆等设备的危险。因此必须经常认真检查闭锁装置。

我国单绳箕斗系列有 3t、4t、6t、8t 四种规格，为了在不增加提升机能力的情况下，靠减轻提升容器自身的质量，直接增加一次提升有益货载，国外一些生产矿井，如美国、英国、德国、法国、加拿大等国，已采用铝合金提升容器，有的甚至提出采用塑料提升容器。近年来，我国的一些有色金属矿也以开始使用铝合金提升容器。由于铝合金的密度只有碳素钢的 35％ 左右，且强度、抗氧化腐蚀能力均高于 Q235 钢，实践证明，利用铝合金制造的罐笼较我国现利用碳素钢制造的罐笼其质量可降低 40％，箕斗的质量可降低 50％，在同样提升能力下，采用铝合金提升容器，每次提升的货载质量可增加 60％。铝合金提升容器的使用寿命较钢制提升容器成倍增加。总之，铝合金提升容器的总体经济效益好。为此我国有关科研部门正在研制推广此类提升容器。

三、斜井提升容器

（一）斜井箕斗

由于斜井箕斗在倾斜的轨道上运行，因此其构造及卸载装置（见图1-27）与立井箕斗完全不同。

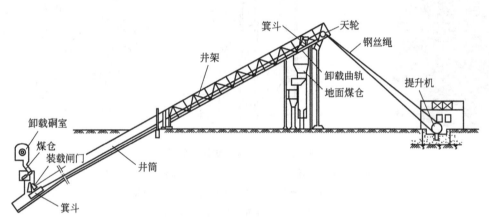

图 1-27　斜井箕斗提升系统

斜井箕斗多用后卸式，后卸式箕斗斗箱、底架一起倾斜。

后卸式箕斗的斗箱前壁封闭，后壁用扇形门关闭。卸载时，因为前轮的踏面宽，行走在与基本轨道倾角相同的宽卸载曲轨上。后轮沿倾角变小了的运行轨道（曲轨）前进。于是斗箱开始后倾。与此同时，扇形门上的滚轮被上轨推动，打开扇形门，煤炭卸出。

斜井提煤箕斗型号为 JXH（其中 J——箕斗；X——斜井；H——后卸）。其名义载重量为 3t、4t、6t 和 8t。

（二）斜井串车

串车即为串列的矿车，每列车数量与提升能力有关（见图1-28）。

四、立井普通罐笼

（一）罐笼的使用

罐笼分为立井单绳罐笼和立井多绳罐笼两种。大多数矿井使用的罐笼是标准的，小型矿井有采用自制的非标准罐笼。标准罐笼按固定车厢式矿车的名义载重量确定为 1t、1.5t 和 3t 三种形式，每种都有单层和双层两种；非标准按矿车的载重量有 0.6t、0.75t。

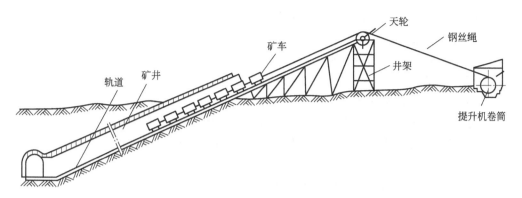

图 1-28　斜井串车系统

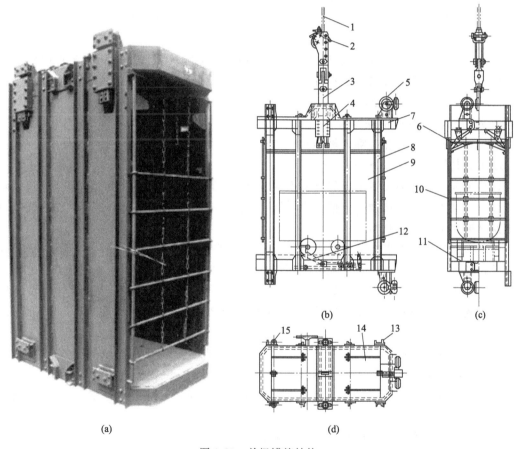

图 1-29　单绳罐笼结构

1—提升钢丝绳；2—双面加紧楔形绳环；3—主拉杆；4—防坠器；5—罐耳；6—淋水棚；7—横梁；8—立柱；
9—钢板；10—罐门；11—轨道；12—阻车器；13—稳罐罐耳；14—罐盖；15—套管罐耳

　　以单绳 1t 单层普通罐笼的结构（图 1-29）为例说明：罐笼通过主拉杆和双面夹紧楔形绳环与提升钢丝绳相连。为了方便矿车进出罐笼，罐笼底部敷设有轨道。为了防止提升过程中矿车在罐笼内移动，罐笼底部还装有阻车器及其自动开闭装置。为了防止罐笼在井筒内运动过程中任意摆动，在井筒内装设罐道为罐笼进行导向，罐笼上装设罐耳。

　　罐道可分为刚性和柔性罐道两种类型。

刚性罐道有钢轨罐道、木罐道及型钢组合罐道三种。柔性罐道即钢丝绳罐道。

装卸罐笼的注意事项：

① 把钩工应按操作规程进车和出车；

② 在装罐之前，应事先把罐笼另一侧的帘子放下，底板上的阻车器放好；

③ 不允许用一辆进车撞罐笼内的另一辆车出车；

④ 装进罐内的车辆必须固定牢固，提升前要把两侧帘子放下；

⑤ 对于直接放置在罐内的设备、物件必须固定好，不许出现滚动和倾倒事件；也不允许有露出罐笼的部分；

⑥ 对较长的物件，如导轨、钢管等物应从罐笼上盖处装入，并在罐内做相应固定；

⑦ 对一些不能直接装进罐笼内的较大物件或设备，应由主管区队的技术人员制定解体装车的技术措施，装罐时应注意按顺序下井，并注意车的方向；

⑧ 如果因为矿车较重等原因出车不利时，把钩工不允许站在出车方向向外牵拉、撬动车；

⑨ 液态的物品如油料，装罐时必须加盖，易爆等危险品装罐要按相关要求严格制定安全措施，并注意整个过程的监护；等等。

（二）罐笼提升的安全措施

1. 规程对罐笼提升的安全规定

对于专为升降人员和升降人员与物料的罐笼（包括有乘人间的箕斗），《煤矿安全规程》第 381 条对其结构做了以下规定。

（1）乘人层顶部应设置可以打开的铁盖或铁门，两侧装设扶手。当发生事故时，抢救人员可以通过梯子间上到罐顶，方便进入罐笼，对人员进行抢救和对设备进行维修，同时也便于更换罐道和下放超长物料。

（2）为保证人员的安全，并避免乘罐人员随身携带的工具或物料掉入井筒，罐底必须满铺钢板，如果需要设孔时，必须设置牢固可靠的门；两侧用钢板挡严，并不得有孔。

（3）进出口必须装设罐门或罐帘，高度不得小于 1.2m。罐门或罐帘下部边缘至罐底的距离不得超过 250mm，罐帘横杆的间距不得大于 200mm，罐门不得向外开，门轴必须防脱。

提升矿车的罐笼内必须装有阻车器，以保证可靠地挡住矿车，防止罐笼运行中矿车溜出造成恶性事故。阻车器如图 1-30 所示。

单层罐笼和多层罐笼的最上层净高（带弹簧的主拉杆除外）不得小于 1.9m，其它各层净高不得小于 1.8m。带弹簧的主拉杆必须设保护套筒。

罐笼内每人占有的有效面积不小于 0.18m。

罐笼每层内 1 次能容纳的人数应明确规定。超过规定人数时，把钩工必须制止。

2. 罐笼乘人的安全注意事项

① 要服从把钩工的指挥，按秩序进入罐笼；

② 非提人时间严禁乘罐；

③ 在井口把钩工发出开车信号，红灯亮时严禁扒罐、抢罐；

④ 罐笼乘人不应超过核定人数；

⑤ 乘人应站立在罐内，两腿自然弯曲并扶好扶手，不允许坐在罐笼底板上；

⑥ 乘人所持工具或尖锐物件必须在底板上稳妥放好，防止伤人；

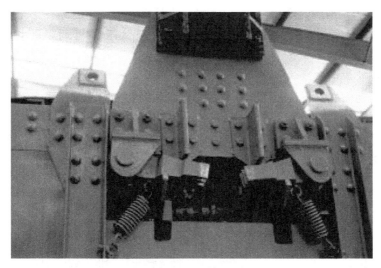

图 1-30　阻车器示意图

⑦ 在提升容器启动之前，要把两侧的防护帘全部放好；

⑧ 乘人在提升过程中应注意力集中，严禁嬉笑打闹等。

3. 防坠器

为了保证人员和生产的安全，升降人员的罐笼必须装设性能可靠的防坠器。当钢丝绳或连接装置断裂时，防坠器可使罐笼支承在井筒内的罐道和防坠绳上，而不致坠入井底造成重大事故。

根据使用条件和工作原理，防坠器有木罐道防坠器、钢轨罐道防坠器和制动绳防坠器三种。目前我国广泛采用 BF 型制动绳防坠器（见图 1-31）。

（1）BF 型制动绳防坠器的组成　　BF 型制动绳防坠器是我国设计的标准防坠器，可以配合 1t、1.5t 和 3t 矿车双层双车或单层单车罐笼使用。它的组成有以下四部分（见图 1-32）。

开动机构：当发生断绳事故时，开动防坠器，使之发生作用。

抓捕机构：它是防坠器的主要工作机构，靠抓捕支承物（制动绳或刚罐道），把下坠的罐笼悬挂在支承上。

传动机构：当开动机构动作时，通过杠杆系统传动抓捕机构。

缓冲机构：用于调节防坠器的制动力，吸收下坠罐笼的动能，限制制动减速度（见图 1-33）。

（2）BF 型防坠器的结构及工作原理　　如图 1-31 所示制动绳 7 的上部通过连接器 6 与缓冲绳 4 相连，缓冲绳通过装于天轮平台上的缓冲器 5 之后，绕过圆木 3 自由地悬垂于井架的一边，绳端用合金浇铸成锥形杯 1，以防止缓冲绳从缓冲器中全部拔出。制动绳的另一端穿过罐笼 9 上的防坠器的抓捕器 8 之后垂到井底，用拉紧装置 10 固定在井底水窝的固定梁上（见图 1-34）。

4. 对防坠器的技术要求

防坠器应满足以下基本技术要求。

（1）必须保证在任何条件下都能制动住断绳下坠的罐笼，动作应迅速而又平稳可靠。

（2）制动罐笼时必须保证人身安全。为此在最小终端载荷下，罐笼的最大允许减速度不应大于 $50 m/s^2$。减速延续时间不应大于 $0.2 \sim 0.5 s$，在最大终端载荷下，减速度不应小于

10m/s^2。实践证明,当减速度超过 30m/s^2 时,人就难以承受,因此,设计防坠器时,最大减速度不超过 30m/s^2。当最大终端载荷与罐笼自重之比大于 $3:1$ 时,最小减速度可以不小于 5m/s^2。

(3) 结构应简单可靠。

(4) 防坠器动作的空行程时间,即从提升钢丝绳断裂使罐笼自由坠落动作后开始产生制动阻力的时间,一般不超过 0.25s。

(5) 在防坠器的两组抓捕器发生制动作用的时间差中,应使罐笼通过的距离(自抓捕器开始工作瞬间算起)不大于 0.5m。

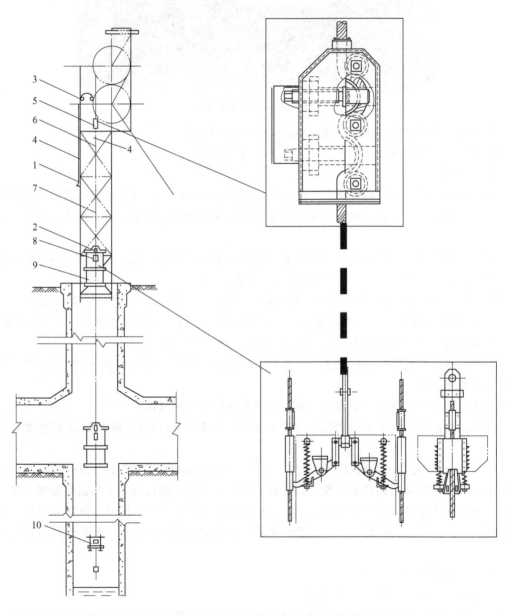

图 1-31　BF-152 型制动绳防坠系统

1—锥形杯;2—导向套;3—圆木;4—缓冲绳;5—缓冲器;6—连接器;7—制动绳;

8—抓捕器;9—罐笼;10—拉紧装置

(a) BF型吊桶防坠器

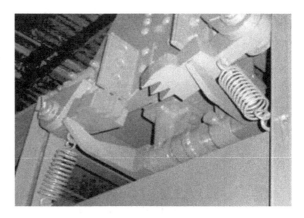

(b) FM系列矿用防坠器

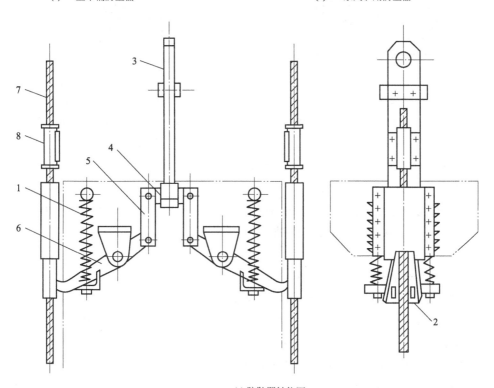

(c) 防坠器结构图

图 1-32　防坠器的开动、传动机构和抓捕机构

1—弹簧；2—滑楔；3—主拉杆；4—横梁；5—连板；6—拨杆；

7—制动绳；8—导向套

5. 过卷问题及相关规定

（1）过卷高度的计算

① 罐笼（包括带乘人间的箕斗升降人员时）在井口出车平台卸载时过卷高度。罐笼从出车平台卸载时的正常位置，自由地提升罐笼连接装置的上绳头同天轮轮缘接触时为止的高度，或者提升到罐笼某部分接触到井架某部分为止的高度。

② 箕斗在卸载时的过卷高度。由井口卸载时的正常位置，提升到箕斗连接装置上绳头

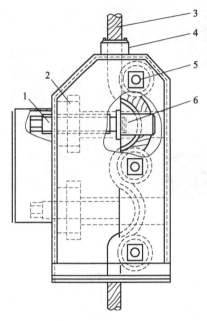

图 1-33 缓冲器
1—螺旋杆；2—螺母；3—缓冲绳；4—密封；
5—小轴；6—滑块

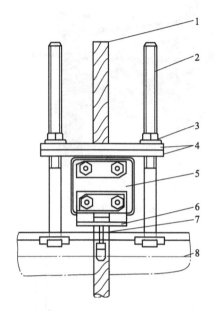

图 1-34 制动绳拉紧装置
1—制动绳；2—张紧螺栓；3—张紧螺母；4—压板；
5—绳卡；6—角钢；7—可断螺栓；8—固定梁

同天轮轮缘接触的高度，或者提升到箕斗顶盖同井架防撞梁接触为止，或者提升到箕斗某部分接触到井架某部分为止的高度。

③ 用吊桶提升时的过卷高度。从吊桶在倒矸石时提起的最大高度能够自由地提升到上部滑架同天轮轮缘相接触为止的这段距离。

（2）过卷问题的有关规定

① 过卷。容器超过正常卸载位置。

② 过卷高度。容器过卷时所允许的缓冲高度。

③ 规程 397 条对过卷高度的规定。要点：提升速度小于 3m/s 的罐笼，不得小于 4m；超过 3m/s 的罐笼不小于 6m；箕斗提升不小于 4m；摩擦提升不小于 6m 等等。

④ 过卷保护分别装在井口和提升机的深度指示器上，并接入安全回路。

（3）过卷保护装置的检查与实验　过卷保护装置对安全提升是非常重要的，如果过卷开关动作不灵，在停车阶段，操作工稍一疏忽，就会发生过卷事故。如果过卷开关长时间不动作，机构和触点可能被卡住或生锈而不能断开，所以每天都要检查试验一次。检查试验的内容包括以下四点。

① 测量过卷开关的高度是否合乎 0.5m 的要求，否则应及时调整。

② 检查过卷开关的动作是否灵活，机构是否牢固可靠。

③ 用提升机直接做过卷试验，即将提升容器以最低的速度越过过卷开关，试验安全制动动作的可靠性。

④ 对深度指示器和井架上的过卷开关应分别进行试验。当试验一个过卷开关时，应将另一个过卷开关短路。在做定期检修时，也应进行上述检查和做过卷试验。

思考与练习

（1）规程为什么对提升设备的规定最为详细？

（2）为什么规程规定箕斗要采用定重装载？

（3）罐笼装车的整个环节分几步？

（4）罐笼乘人为什么不允许从另一侧上人？

（5）讲述抓捕器的维护要求与方法。

（6）箕斗提升定重装载与定量装载的比较。

（7）拟定斜井串车提升液压支架的技术措施。

任务二 提升机安装

一、施工前的准备工作

提升机是煤矿生产的主要设备，其结构庞大，分部工程任务多，服务年限长。因此，要求提升机安装后能高质量、安全、可靠、持久地运转。

准备工作，是保证安装工作顺利进行的前提，是保证安装工期和质量的主要环节，任何一项准备工作不当，供应脱节，都会造成停工待料，影响工期。提升机安装准备工作有三。

1. 编制施工组织设计

负责安装工程的领导和技术人员，要结合提升机的实物，详尽地阅读设备图纸及安装使用说明书，在熟读图纸及安装使用说明书的基础上，编写出施工组织设计，并组织安装人员学习，贯彻执行。其施工组织设计内容应包括以下四项。

（1）施工程序。

（2）施工进度图表和劳动组织（工种和工作人员数量），可在进度表上列出，亦可按工序进度单独列表表示。进度图表是以工期要求和施工程序进行制定的。

确定劳动组织时，要在保证安装质量的前提下，为加快施工进度，而进行的平行作业和交叉作业，又要注意安装用工特点（即开工初期及收尾时期用人少），防止窝工。

（3）分部、分项的工程施工方法及质量要求。

（4）安装中的安全技术措施及安全规程（特别是起重、运搬及现场防火等方面）。

2. 编制计划

安装用设备、仪器、工具及刀具和消耗材料计划，在施工之前应提交有关部门（特别是供应部门），以便组织租赁和采购，保证按时供货。编制计划时要注意以下几点：

（1）设备、特别是起重设备要根据零部件的重量和最大轮廓尺寸及施工方法来选定；

（2）检测仪器要根据检查方法来选定；

（3）要给出设备、仪器、工具和消耗材料的名称、规格和数量。

3. 检查安装设备

对所要安装的提升机零、部件的制造质量和数量，要详细检查，损坏和变形的要进行修复，缺件的要向设备厂家要求供货或自行制作。

二、提升机的安装程序

安装程序的制订和按安装程序进行施工，是安装管理工作的主要环节。安装进度图表是根据安装程序编制的。按照合理的安装程序施工，可防止工序颠倒返工，又可缩短工期（考虑平行作业和交叉作业，中断工序间隔较长的工序要尽可能往前安排），对保证工程质量和按时竣工都是有利的，安装程序的制订人员一定要熟悉设备结构及所采用的安装方法。现以JK系列提升机为代表，介绍其安装程序。

（1）打基础（基础打好后经过7～14天方可进行安装机器）。

（2）埋设基准点，固定挂线（或中心标板）。固定挂线架的埋设高度见图2-1。对埋设好的基准点和固定挂线架，由测绘人员给出数据，同时挂好十字线（即提升机中心线和主轴中心线）。十字中心线测量方法如图2-2所示。

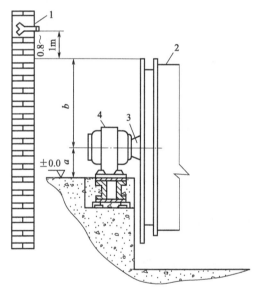

图2-1　固定挂线架的埋设
1—中心架；2—卷筒；3—轴；4—轴承

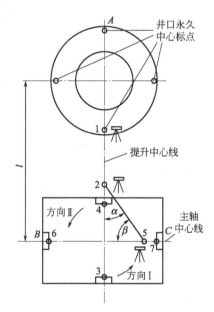

图2-2　绞车十字中心线测量方法

① 首先将建井时测定的井口四个永久性中心标点找出，将经纬仪支到标点1上，瞄视永久中心标点 A，倒镜后在绞车房墙壁上定出标点3，同时定出标点4和绞车房外在同一条线上的任意位置标点2，通过标点 A、1、2、4 和3的连线即为提升中心线。

② 将经纬仪支到标点2上，在绞车房设置一条与井筒中心线距离为 l 的钢丝线 BC，在钢丝线 BC 上任意位置定标点5。把经纬仪的分度盘对到零位，瞄准标点3，按方向Ⅰ转水平角度，看标点5，若旋转的角度为 α，然后将分度值记下。

③ 把经纬仪支到标点5，瞄准标点2，把分度盘对到零位，按方向Ⅱ转水平角度，瞄准 B 点，若旋转的角度为 β，并且 $\alpha+\beta=90°$ 时，则 BC 线即为主轴中心线。

④ 再用经纬仪将5点反到墙上，定出标点7，对定出标点3、4、6、7处墙上已埋设的

中心架上锉出三角豁口并进行复查，准备挂线。

（3）验收基础。根据基准点的标高和挂好的十字线，结合基础图纸尺寸（或设备底座尺寸），检查基础。检查基础的水平性和高差可用水准仪配合塔尺进行，基础的尺寸必须符合减速器中心距允许偏差值。

（4）准备垫板（垫铁），提升机安装必须放置垫板的部位有：主轴承梁下、盘形闸座下、减速器底座下、主电动机脚下（或电动机轨座下）。

现以主轴承梁为例，讲述一下垫板组的数量、总高度、斜垫板及平垫板的规格，其它部位的垫板，参照此法。

如图 2-3 所示，主轴承梁上装有两个地脚螺栓，一个轴承座，垫板组为 5 组。以基础表面为基准实测标高和设计标高及主轴承梁高度和轴承座中心高。

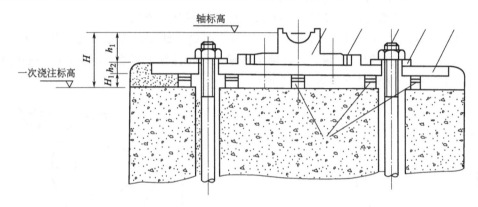

图 2-3　垫板的布置

1—轴承座；2—模铁；3—地脚螺栓；4—垫圈；5—机座；6—垫板组

按公式 $H_1 = H - (h_1 + h_2)$ 计算出垫板组总高度

式中 H_1 为垫板组高度；H 为轴标高与一次浇灌基础实际标高差；h_1 为轴承座高度；h_2 为设备底座高度。（按安装提升机要求，应在 $60 \sim 100$mm 范围内）。

结合矿上现有扁钢或钢板规格，确定一对斜垫板的厚度（按安装提升机要求，斜垫板的斜度，不应大于 1/25，薄端厚度不应小于 5mm），再按照图 2-4 计算出平垫板的厚度，根据轴承梁的宽度及垫板安放要求确定垫板的长度，垫板的宽度按安装提升机要求为 $60 \sim 120$mm。

一对斜垫板的接触面及平垫板与斜垫板的接触面表面粗糙度为 12.5。根据以上计算和要求，画出斜、平垫板工作图，按图进行加工。

（5）对需要进行二次灌浆的基础部位（主轴承梁、盘形闸座、减速箱、电动机底座等），铲成麻面，并用水对基础表面进行洗刷。

（6）放垫板组基础的表面，要用加工好的平垫板和 1：2 水泥、砂子、灰浆研平，平垫板就位（此项工作不作为安装程序，只是安装分项工程时，临时去做）。

（7）对设备开箱检查，清点零件数量，并清洗零件表面的防腐剂和进行除锈检修工作。

（8）安装主轴承梁及主轴承座。

（9）装主轴，并对主轴找平找正。

（10）主轴找平找正合格后，固定好主轴承座前后两对斜垫块，上紧主轴承梁地脚螺栓，焊好主轴承梁下斜垫板，对主轴承梁进行二次灌浆。

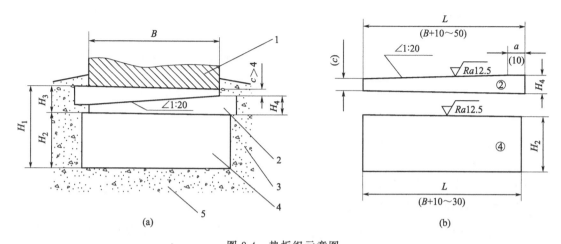

图 2-4　垫板组示意图

1—机座；2—斜垫板；3—二次灌浆；4—平垫板；5—混凝土基础

（11）固定锁紧器座及装锁紧器。

（12）按（6）方法将减速箱垫板组的平垫板就位。

（13）安装减速器（根据主轴标高、主轴中心线、提升中心线和齿轮联轴器端面间隙使减速器就位，进行初步的找平找正工作）。

（14）将电动机轨座的平垫板按（6）研放好。按减速器传动中心高度、计算好轨座上表面高度安放轨座，对地脚螺栓及轨座进行二次灌浆。

（15）以主轴研主轴瓦，对主轴瓦进行刮研，当接触面积达到 50％时停止刮研。以下就可以考虑平行作业和其它施工任务，如安装润滑泵站的油泵及电动机等。

（16）对减速器，根据主轴半联轴器，进行细致的找平找正工作，合乎要求后，拧紧地脚螺栓，焊好斜垫板对减速器进行二次灌浆。

（17）组装卷筒组装辐板，焊卷筒板，焊挡绳板，焊制动盘。

（18）对主轴瓦继续刮研，到合格为止。

（19）调整减速器齿轮间隙，刮研各轴瓦，合格后清洗减速器，合上箱体。

（20）安装润滑泵站的油泵及电动机，并接通主轴承及减速器各轴承润滑系统的管路和供油装置，并向减速器装一定数量润滑油，进行系统清洗及试运转。

（21）连接主轴及减速器主轴的齿轮联轴器螺栓，并向齿轮联轴器内加足够量的润滑脂。

（22）安装深度指示器传动装置及深度指示器。

（23）根据减速器传动轴上的 V 带轮，确定并安装限速发电机。

（24）车削制动盘。

（25）安装斜面操纵台。

（26）安装液压站。

（27）制动盘车好后，安装盘形闸。

（28）装配卷筒木衬及车削绳槽。

（29）接通液压站至盘形闸、调绳装置和斜面操纵台管路。

（30）调试液压站。

（31）调试盘形闸。

（32）调试调绳装置。

（33）安装主电动机，根据减速器传动轴的蛇形弹簧联轴器，找正并固定主电动机，并对电动机进行送电试验。

（34）连接减速器传动轴与电动机的蛇形弹簧联轴器螺栓，并向联轴器内加一定数量的润滑脂。

（35）安装齿轮联轴器、蛇形弹簧联轴器的安全罩和限速发电机皮带罩及提升机的防护栏杆。

（36）进行设备、管路粉刷涂漆工作。

（37）对基础进行抹面。

（38）准备试运转及进行试运转（在试运转中挂提升钢丝绳），移交生产。

三、提升机的轴承梁与主轴承安装

（1）在基础上需放垫板组的地方，要用加工好的平垫板和1：2水泥及砂子的灰浆研平，平垫板就位。在平垫板上放上一对斜垫板，左侧轴承梁下的各组垫板组，要用平尺（或水准仪）初步找平，同时将右侧轴承梁下的垫板组按同法找平，用水准仪配合钢板尺或普通水柱水平器，根据标高要求，使两梁下的垫板组处于一个水平面上。

（2）将主轴承座安装在轴承梁上，并拧紧轴承座与轴承梁的连接螺栓（见图2-5）。

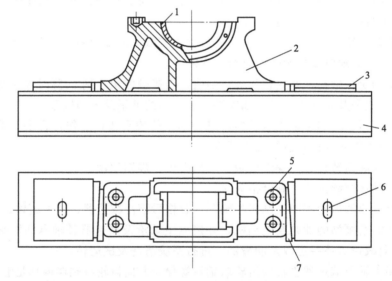

图 2-5　轴承座与轴承梁组合

1—轴承座下瓦；2—轴承座；3—挡板；4—轴承梁；5—轴承座与轴承梁连接螺栓孔；6—地脚螺栓孔；7—楔铁

（3）将装轴承梁用地脚螺栓锚板安放好，并将地脚螺栓放在地脚螺栓孔内（在地脚螺栓上部绑上2mm铁丝或铜丝，以便顺利地穿入轴承梁地脚螺栓孔，并向上提地脚螺栓）。

（4）将装配好主轴承座的轴承梁放在垫板组上（见图2-3），根据提升中心线及主轴中心线，找好轴承梁位置，装好地脚螺栓。

（5）清洗轴瓦与轴承座，并用显示剂检查接触情况。如接触不好，要进行刮研，使其接触程度达到60%以上，并保持均匀，直到用手锤轻敲瓦口，能够自由活动为合格，上瓦也应清洗后检查接触情况。

（6）画出下轴瓦的轴向中心线和横向中心线，以便于挂线坠时作为找中心位置的标准。

（7）根据提升中心线和主轴中心线及主轴设计标高，对轴承座进行找平找正工作（见图

2-7 和图 2-8)。调整水平度时可打出打入斜垫板，合乎要求后，拧紧地脚螺栓螺母，拧紧螺母后再复查一次，达到合格为止，另一个轴承座的找正方法同上，两轴承座的中心都要在主轴中心线上，并在同一标高上，其检查方法见图 2-6。

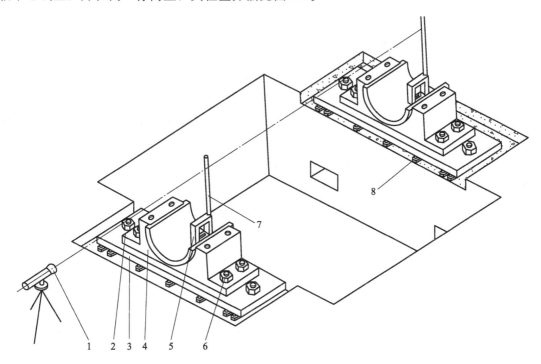

图 2-6　检验两轴座水平性

1—精密水准仪；2—地脚螺栓；3—机座；4—轴承座；5—精密方水平尺；

6—轴承连接螺栓；7—深度游标卡尺；8—垫板

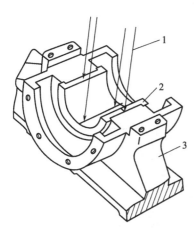

图 2-7　用线坠找正轴承

1—线坠；2—下瓦；3—轴承座

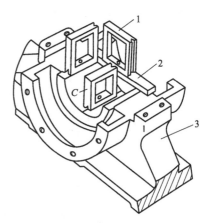

图 2-8　轴承座水平度的找正

1—方水平仪；2—平尺；3—轴承座

（8）主轴承安装质量标准：轴承座的水平度沿主轴方向不应超过 0.1/1000，垂直于主轴方向不应超过 0.15/1000，轴承梁与轴承座应紧密接触，其间不应加垫片。

两轴承梁和两主轴承决定于主轴装置位置，因此，主轴装置就位时对安装基准线的位置偏差，就要在安装两主轴承时考虑。

主轴装置就位时，对安装基准线的位置偏差应符合下列要求：

① 主轴中心线在水平面内的位置偏差不应超过 $L/2000$（L 为主轴中心线与井筒提升中心线或天轮轴中心线间的水平距离）；

② 主轴轴心线标高偏差不应超过 $\pm50\text{mm}$；

③ 提升中心线的位置偏差不应超过 $\pm5\text{mm}$；

④ 主轴中心线与提升中心线的不垂直度不应超过 $0.15/1000$；

⑤ 主轴装上卷筒后的不水平度不应超过 $0.1/1000$，联轴器端宜偏低。

组装主轴颈与轴瓦应符合下列要求：

① 主轴轴颈与下瓦的接触弧面应为 $90°\sim120°$，沿轴向不应小于轴瓦长度的 $3/4$，在每 $25\text{mm}\times25\text{mm}$ 内的接触点数不应少于 6 个点。

② 卷筒装上后，主轴轴颈与轴瓦间的顶间隙应符合表 2-1 的规定，每侧的侧间隙一般为顶间隙的 $50\%\sim75\%$。

表 2-1　主轴轴颈与轴瓦间的顶间隙　　　　　　　　　　单位：mm

轴颈直径	顶间隙	轴颈直径	顶间隙
50～80	0.07～0.14	260～360	0.14～0.25
80～120	0.08～0.16	360～500	0.17～0.31
120～180	0.10～0.20	500～600	0.28～0.36
180～260	0.12～0.23	600～720	032～0.40

四、主轴装置安装

制造厂已在主轴上装有调绳装置、支轮轮毂和半个齿轮联轴器，为便于主轴找正，利用主轴两端面顶尖孔，配好两个顶尖，为便于卷筒装配，在装主轴前，事先在卷筒基础坑内架一定高度的方木垛，将半扇铁卷筒及辐轮放在方木垛上，为了不妨碍主轴安装，两半扇卷筒应比主轴低 $150\sim200\text{mm}$，见图 2-9。

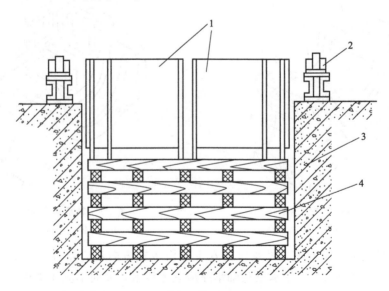

图 2-9　半扇卷筒放置

1—卷筒；2—轴承座；3—基础；4—方木垛

（1）主轴起落　可利用天车进行起落，如无天车，可利用人字架、滑轮组、稳车等进行起落（见图 2-10）。

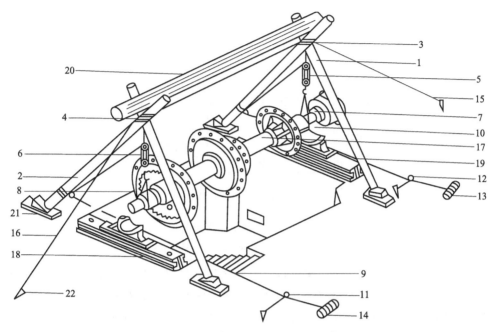

图 2-10　人字起重杆吊装绞车主轴起落

1,2—人字起重杆；3,4—捆绑起重杆绳；5,6—复滑轮；

7,8—钢丝绳套；9,10—φ17.5mm 牵引钢丝绳；11,12—单滑轮；

13,14—电动卷扬机；15,16—人字起重杆拖拉绳；17—主轴；

18,19—主轴承梁及轴承座；20—木横梁；21—人字起重杆固定底脚用木模；22—拖拉绳地锚坑

（2）主轴的找平　主轴放入轴承内后，应进行找平工作，主轴找平的方法，如图 2-11 所示，利用水准仪观测立在两轴颈面上的钢板尺或深度游标卡尺刻度，即可得出两个轴颈的高低差，然后利用轴承梁下面所垫的斜垫板进行调整，直至合格为止。

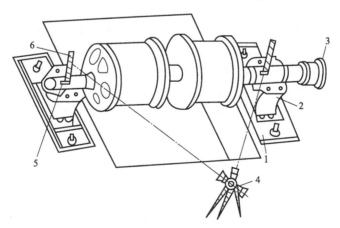

图 2-11　主轴水平度的找平

1—主轴承梁；2—轴承座；3—联轴器；4—水准仪；5—方水平；6—钢板尺

（3）主轴的找正　采用双线坠两点连线找正主轴中心位置，见图 2-12。在找正时以观测两条线坠垂线重合并能对准轴的顶尖点为合格（如顶尖孔内不装顶尖，要在顶尖孔内压铅

块并找出轴中心点）。轴左右偏斜时，调整轴承座前后的斜铁，使轴心移至要求的位置。主轴找平、找正后，立即打紧轴承座前后的斜铁（见图 2-5），焊好斜垫板，对主轴梁进行二次灌浆。

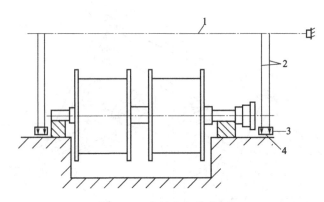

图 2-12　主轴中心线找正

1—主轴中心线挂线；2—线坠垂线；3—线坠；4—油盒

（4）主轴瓦的刮研　对主轴承梁进行二次灌浆后，经过一周即可进行轴瓦的刮研工作。刮轴瓦时，要根据着色点接触情况，对轴瓦进行全面判断后，刮去部分或全部接触点，根据两个轴瓦的情况有时刮研一个瓦，有时刮两个瓦。刮瓦一定要以轴研瓦，刮瓦要使轴颈与轴瓦的接触点、接触角、间隙合乎要求，一般工作方法是应先刮接触点，与此同时照顾接触角，最后刮侧间隙。刮瓦时要勤换刮研方向（第一遍向左，第二遍向右），以免将轴瓦刮偏。

五、减速器的安装

JK2-3.5m 型提升机的减速器采用双级圆弧齿轮减速器，其型号有：ZHLR-115、ZHLR-130、ZHLR-150、ZHLR-170 等几种。各轴承轴瓦瓦衬均采用巴氏合金材料，齿轮和轴承润滑采用 SY1172-77S90 号工业齿轮油，由润滑油站进行强制润滑。

（1）按提升机主轴标高，根据减速器的实际高度，参照提升机主轴承梁与主轴承安装（1），放好垫板组。

（2）参照提升机主轴承梁与主轴承安装（3），装好减速器的地脚螺栓。

（3）起吊减速器，在减速器就位前，穿上地脚螺栓同时带上螺母，减速器就位，并初步找平找正。以提升主轴上半齿轮联轴器的外轴套为基准，调整减速器，使提升机主轴与减速器主轴上的两半齿轮联轴器的外齿轴套端面间隙达到有关要求。用定心工具，检查并调整提升机主轴与减速器出轴的同轴度（同轴度允许偏差；径向位移为小于 0.15mm，倾斜偏差为小于 0.6/1000）。两半齿轮联轴器外齿轴套端面间隙的调整方法是，左右移动减速器；径向位移在水平方向的调整是前后移动减速器，在垂直方向的调整是移动上面一块斜垫板，增减垫板组高度，使减速器左右少量抬高或降低，倾斜偏差的调整是通过调整斜垫板，增减减速器左右侧垫板组高度，使减速器倾斜偏差合乎要求，同轴度合乎要求后，上紧地脚螺栓。

（4）取下减速器上箱体，清洗各轴轴瓦，各级齿轮和箱体内脏物。清洗好之后，要用压铅丝法测出齿轮啮合间隙，发现问题力争在刮瓦时调整过来。

（5）在清洗好减速器下箱体的结合面以后，用精密方水平尺或水准仪配合深度游标卡尺，测量箱体对口加工面的水平度（见图 2-13），其水平度在轴向和横向都应不大于 0.15/1000。

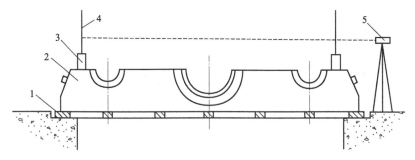

图 2-13　减速器水平度测量

1—垫板组；2—减速器底座；3—方水平尺；4—钢板尺；5—水准仪

在调整过程中有可能出现以下两种情况：将地脚螺栓全部拧紧后，若保持两联轴器的端面间隙完全一致和较高的同轴度，减速器对口面就不能保持水平，若保持对口面的水平，又保证不了联轴器的安装质量。这是减速器在加工过程中自然变形引起的。出现这种情况时的解决办法是：宁可让联轴器安装稍有误差，也要保证减速器对口加工面水平度的要求。减速器箱体找平找正后，拧紧地脚螺栓。

刮研减速器主轴（输出轴）瓦和减速器的精调工作是同时交叉进行的，减速器主轴水平度允差不应超过 0.15/1000，减速器主轴颈与轴瓦的配合间隙、接触角、接触长度和接触点的质量要求，同提升机主轴颈与轴瓦配合的质量要求。减速器主轴合乎要求后，焊好减速器的斜垫板，对减速器进行二次灌浆。

（6）刮研中间轴和传动轴的轴瓦时，要注意轴瓦和轴承的出厂标记，以及各齿轮的装配标记，防止装配时弄错位置。刮研时要配合各齿轮的啮合情况进行调整。中间轴和传动轴轴颈与轴瓦的配合间隙见表 2-1。轴瓦接触角、接触长度同提升机主轴颈与轴瓦的配合要求，中间轴轴瓦按接触点在每 25mm×25mm 面积内不少于 8 点，传动轴应不少于 10 点。

圆弧齿轮啮合的顶间隙和侧间隙必须符合齿轮啮合间隙国家标准。

刮研轴瓦时应注意，减速器的中心距公差应取负偏差，否则中心距偏大，会使接触迹线偏向凹齿齿顶，将引起凹齿的点蚀和断齿，同时亦会造成凸齿齿顶的点蚀，各种减速器的中心距允许偏差，必须符合齿轮啮合中心距国家标准。

（7）各轴瓦刮研完毕后，对减速器箱体内部进行彻底清洗，然后吊装上箱体，拧紧连接螺栓。配制润滑油管工作可在减速器齿轮研磨后进行。

（8）齿轮接触精度不符合规定时，需进行跑合研磨。通常的方法是利用车削制动盘所用的传动设备，采用此法时，若减速器没配制润滑油管，则需人工对轴承润滑。另一种方法是利用提升机主电机带动卷筒，采用不完全施闸的方法，研磨齿轮，此法不如前一种方法可靠。

思考与练习

（1）陈述用水准仪找平找正测量方法和自己测的结果。

（2）会协作完成起吊重物。

（3）能熟练讲联轴器安装误差的测量方法。

（4）会编制安装主要部件的安全技术措施。

任务三　刮板输送机的操作

能力目标

① 能够根据刮板输送机的操作规程及要求，会正确操作运输设备；
② 具备查找资料、文献获取信息能力；
③ 能够文明与安全的组织工作。

知识目标

① 熟悉刮板输送机主要组成、工作原理、类型、特点；
② 掌握刮板输送机主要零部件名称、功用及构造；
③ 掌握刮板输送机的操作规程。

一、刮板输送机的发展

刮板输送机是用刮板链牵引，在一定的线路上连续输送物料的物料搬运机械。其它名称：溜子、电溜子、链板运输机。刮板输送机可进行水平、倾斜和垂直输送，也可组成空间输送线路，输送线路一般是固定的。刮板输送机输送能力大，运距长，还可在输送过程中同时完成若干工艺操作，是煤矿、化学矿山、金属矿山及电厂等用来输送物料的重要运输工具。刮板输送机的设计制造涵盖了运动转换、动力传输、变速机构、铸锻件结构设计等机械设计与制造工艺内容。

刮板输送机的发展历程：中国古代的高转筒车和提水的翻车，是现代斗式提升机和刮板输送机的雏形；17 世纪中叶，人们开始应用架空索道输送散状物料；19 世纪中叶，各种现代结构的输送机相继出现。1868 年，在英国出现了带式输送机；1887 年，在美国出现了螺旋输送机；1905 年，在瑞士出现了钢带式输送机；1906 年，在英国和德国出现了惯性输送机。此后，输送机受到机械制造、电机、化工和冶金工业技术进步的影响，不断完善，逐步由完成车间内部的输送，发展到完成在企业内部、企业之间甚至城市之间的物料搬运，成为物料搬运系统机械化和自动化不可缺少的组成部分。

未来输送机将向着多功能化、大型化、物料自动分拣、降低能量消耗、减少污染等方面发展。

二、刮板输送机主要组成、类型、特点、工作原理

（一）刮板输送机的主要组成

刮板运输机的类型很多，各组成部件的形式和布置方式也各不相同，但其主要结构和基本组成部分是相同的，由机头部、机身、机尾部和辅助设备四部分组成。

机头部是运输机的传动装置，包括机头架、电动机、液力联轴器、减速器、机头主轴和链轮组件等，作用是电动机通过联轴器、减速器、机头主轴和导链轮，带动刮板在溜槽内运行，将物料输送出来。

　　机身是输送机的输送物料部分，由溜槽和刮板链组成。溜槽是输送机机身的主体，是荷载和刮板链的支承和导向部件，由钢板焊接压制成型，分为中部标准溜槽、调节溜槽和连接溜槽。刮板链由链环和刮板组成。

　　机尾部由机尾架、机尾轴、紧链装置、导链轮或机尾滚筒组成。导链轮用来改变刮板链方向。紧链装置用来调节刮板链松紧。

　　辅助装置包括紧链器、溜槽液压千斤顶和防滑装置等。

　　如图 3-1 所示为 SGB630/220 型刮板输送机的传动系统。电动机 1 通过液力耦合器 2 驱动三级直角布置的减速器 3。减速器的三轴与机头轴 4 连接。当机头轴转动时，带动刮板链 5 移动。

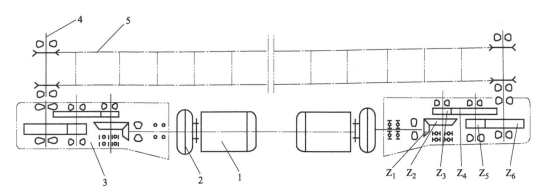

图 3-1　SGB630/220 型刮板输送机传动系统
1—电动机；2—液力耦合器；3—减速器；4—机头轴；5—刮板链

（二）刮板输送机的主要类型

　　按刮板链布置形式分为边双链型、准边双链型、中单链型、中双链型和三链型刮板输送机；

　　按中部槽结构分为开底式和封底式刮板输送机；

　　按传动方式分为电动和液动刮板输送机；

　　按承重类型分为轻型（配套单电动机 75kW 以下）、中型（配套单电动机 75～110kW）、重型（配套单电动机 132～200kW）和超重型刮板输送机（配套单电动机 200kW 以上）。

　　各种类型的刮板输送机随其能力和结构特点不同，而适用于不同的工作条件。

（三）刮板输送机的主要特点

　　刮板输送机的优点是：坚固结实，经久耐用；能水平和垂直弯曲，以适应采煤工作面底板不平和弯曲移设的需要；机身矮，便于装煤，适应各种煤层的需要；能作采煤机运行的轨道；能作液压支架推拉移动的支点。

　　刮板输送机的缺点是：质量大，安装和搬运费时费力；消耗钢材多，功率消耗大；中部槽一般是由 6～15mm 的钢板制成，在受到较大的冲击时易变形，修复比较困难；物料与中部槽的摩擦系数大，刮板输送机的功率大部分消耗于物料与中部槽的摩擦力上，造成了能耗过大、投资增加。

　　刮板输送机虽有这些缺点，但它有其它输送机所不及的优点，因此，它仍是当前采煤工作面必不可少的输送设备。

　　刮板输送机可用于煤层倾角不超过 25°的薄、中厚和厚煤层的采煤工作面，煤层倾角大时，要采取防滑措施。此外，顺槽和采区上、下山运输巷道也可使用。

（四）刮板输送机的工作原理

1. 减速器

我国现行生产的刮板输送机的传动装置多为平行布置式（电动机轴与传动齿轮轴垂直），故都采用三级圆锥-圆柱齿轮减速器，减速器的箱体为剖分式对称结构，如图 3-2 所示。

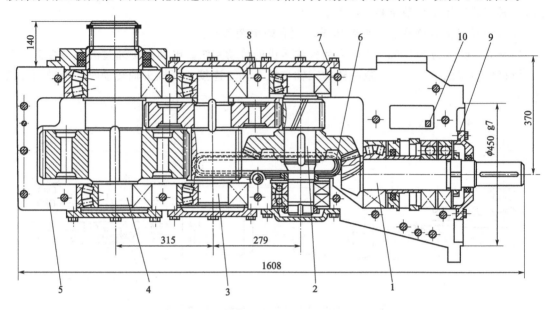

图 3-2　6JS-110 型减速器

1～4—第一、二、三、四轴；5—箱体；6—冷却装置；7～9—调整垫；10—油标尺

2. 液力耦合器的结构

液力耦合器是安装在电动机和减速器之间，应用液力传递能量的一种传动装置，起传递动力、均衡负荷、过载保护和减缓冲击等作用。它主要由泵轮、涡轮和外壳组成。

按工作介质的不同，液力耦合器分水介质液力耦合器和油介质液力耦合器。水介质液力耦合器与油介质液力耦合器的主要区别是油封在轴承内侧，防止水浸入轴承，另外增设有易爆塞。

YOXD-450A 型水介质液力耦合器的结构如图 3-3 所示，它主要由泵轮 2、外壳 8 和涡轮 7 等组成，液力耦合器的泵轮和涡轮都具有不同数量的径向叶片（前者多于后者 1～2 片）。电动机、弹性联轴器 12、后辅助室外壳 1、泵轮 2 连接在一起，泵轮 2 与涡轮外壳 8 用螺钉连接。当电动机带动泵轮转动时，整个外壳一起转动，起主动轴作用。涡轮 7 与减速器相连，起从动轴作用。

外壳 8 上装有易爆塞 9、易熔塞 15，它们是液力耦合器的压力与温度的保护元件。油封 5、6 作用是防止介质水浸入轴承 10。

3. 液力耦合器的工作原理

液力耦合器的工作原理如图 3-4 所示。电动机启动后，泵轮旋转。泵轮叶片使工作室中的工作液获得动能，沿圆周方向运起。开始启动时，工作液还不足以带动涡轮 7 旋转，相当于电动机空负荷启动。随着电动机转速增加，工作液被甩出的速度和力量增大，并且逐渐冲向涡轮的叶片。当电动机达到某一转速时，在旋转离心力的作用下，工作液沿泵轮工作腔的曲面流向涡轮，同时冲击涡轮叶片，使涡轮旋转，从而使从动轴旋转带动减速器工作。从涡

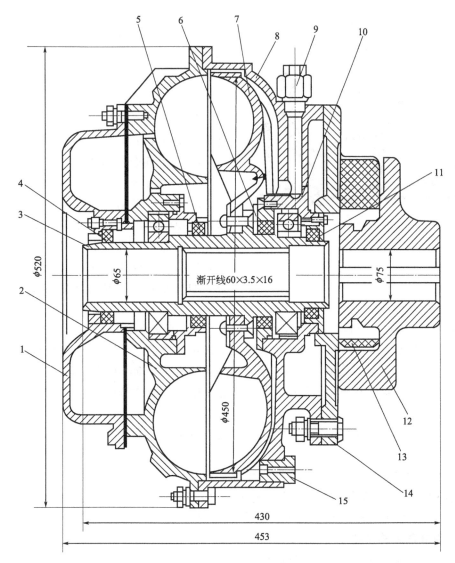

图 3-3　YOXD-450A 型水介质液力耦合器

1—后辅助室外壳；2—泵轮；3—花键套；4~6,11—油封；7—涡轮；8—外壳；

9—易爆塞；10—轴承；12—联轴器；13—弹性圈；14—联结器；15—易熔塞

轮流出的工作液，因其离心力较小，又从近轴处流回泵轮，形成循环液流，如图 3-4 所示实线箭头。

　　由于工作液与叶片等摩擦引起能量损耗，所以泵轮与涡轮之间始终存在一定的转速差（又称滑差），使两腔工作液存在有离心力和流速差，而使其保持有循环液流传递能量。

　　输送机过载超过液力耦合器额定转矩时，液力耦合器滑差增大，涡轮转速降低，即产生的离心力降低，工作腔内的工作液便沿涡轮曲面向轴心方向做较大的向心流动，如图 3-4 所示虚线箭头。当负荷超过额定转矩的 2 倍左右时，工作液便经阻流盘 6 上的孔进入前辅助室 7（图 3-4 中点画线箭头所示），再经前辅助室上的孔（截面较大）进入后辅助室 10，然后又在离心力作用下，从后辅助室上的孔（截面较小）进入泵轮工作腔。由于进入后辅助室的工作液比流出的工作液多，使工作腔内的工作液逐渐减少，传递力矩降低，涡轮的转速迅速降

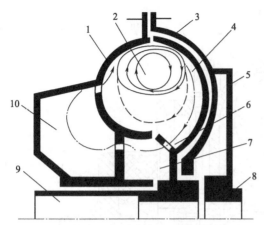

图 3-4　液力耦合器循环液流

1—泵；2—工作腔；3—外壳；4—涡轮；

5—弹性联轴器；6—阻流盘；7—前辅助室；

8—主动轴；9—从动轴；10—后辅助室

低，大量工作液则储存在辅助室内，电动机处于轻载运转，从而保护电动机不致过载。当负荷继续增大，最后涡轮停止转动，起到过载保护作用。一旦外负荷减小，后辅助室内的工作液逐渐在离心力作用下又进入工作腔，使循环液流量增大，液力耦合器便又自动恢复正常工作状态。

4. 液力耦合器的作用

① 改善了电动机的启动性能，减少了冲击。输送机在启动时，仅泵轮为电动机的负载，可使电动机轻载或空载启动。然后负载再逐渐增加，这样，电动机的启动时间缩短了，启动电流也降低了，对于拖动转动惯量很大的负载则不必选比额定容量大得多的电动机。

② 对电动机和工作机械具有过载保护作用。当外负荷增加时。输出轴转速下降，泵轮和涡轮的转速差增大。当外负荷继续增大时，工作液体被挤向泵轮轮壁，经溢流孔进入辅助室。此时，工作腔内液体减少，再加上泵轮和涡轮的转速差继续增大，则工作液的温度迅速升高。当工作液的温度升至额定值时，易熔合金塞熔化，液体喷出，电动机带着泵轮及外壳空转，保护了电动机。

③ 在多电动机同时驱动的设备中，采用液力耦合器，可使各电动机的输出功率趋于平衡。

④ 减少了冲击，使工作机械和传动装置平稳运行。由于泵轮和涡轮之间为"液体连接"，故作用在输入、输出轴上的冲击载荷可以大大降低，延长了电动机和工作机构的使用寿命，这对处于恶劣工作条件下的煤矿机械尤为重要。

5. 易熔塞的结构及要求

易熔塞的结构如图 3-5 所示，它由保护塞 1、密封垫圈 2、易熔塞座 3 和易熔合金 4 组成。对其要求有以下五点。

① 水介质液力耦合器过热保护的易熔塞与过压保护的易爆塞要成双使用，对称布置在液力耦合器内腔最大直径上，不允许安装在注液上。

② 易熔塞的易熔合金熔化温度为 $(115\pm5)℃$。

③ 易熔塞的易熔合金应向制造厂家购买，灌注长度为 14mm。

④ 易熔塞的质量不得超过设计质量 $m_s\pm0.0005$kg。

⑤ 易熔塞外表面应打有熔化温度及生产厂家的标记。

6. 易爆塞的结构及要求

易爆塞的结构如图 3-6 所示，它由易爆塞座 1、压紧螺塞 2、爆破孔板 3、密封垫 4 和爆破片 5 组成。对其要求有以下七点。

① 1 个易爆塞只准许装 1 个爆破片。

② 易爆塞的压紧螺塞的夹紧转矩 $M=(5\pm1.0)$N·m。

③ 易爆塞静态试验爆破压力 $p_S=(1.4\pm0.2)$MPa。

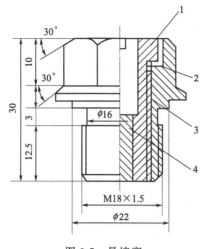

图 3-5　易熔塞

1—保护塞；2—密封垫圈；
3—易熔塞座；4—易熔合金

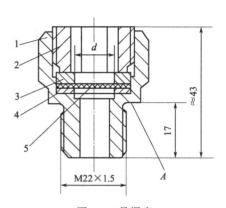

图 3-6　易爆塞

1—易爆塞座；2—压紧螺塞；3—爆破孔板；
4—密封垫；5—爆破片

④ 按图 3-6 生产的易爆塞的质量要求为 (166 ± 0.5)g。

⑤ 爆破片的内、外表面应无裂纹、锈蚀、微孔、气泡和夹渣，不应存在可能影响爆破性能的划伤，刻槽应无毛刺，外径为 $\phi25_{-0.021}^{0}$ mm。

⑥ 爆破孔板的孔径 $d = 13_{0}^{+0.11}$ 孔两端不允许出现圆角或倒角，外径为 $\phi25_{+0.100}^{+0.184}$ mm。

⑦ 爆破片必须用软塑料袋单个包装，然后再用硬塑料盒包装（决不许一个软塑料袋中包装两个或两个以上的爆破片）。

7. 链轮组件

链轮组件由链轮和滚筒组成。刮板链由链轮驱动运行，运转中链轮组件除受静载荷外，还受脉动、冲击载荷等，所以是易损件，故链轮均为优质钢材制造。

8. 链轮组件的结构有剖分式和整体式两种

剖分式链轮组件由链轮和两个半圆剖分式滚筒组成，两个半圆滚筒，用螺栓固联在一起。链轮共两个，分别位于滚筒两端，为双边链结构。滚筒孔分别与两端的减速器低速轴和盲轴连接。剖分式结构的优点是当轮齿磨损后可以只更换链轮而不更换滚筒。

整体式链轮组件与剖分式滚筒所不同的是，滚筒与链轮是焊接在一起的，整体式链轮组件拆装维修方便。

9. 溜槽

溜槽是货载和刮板链的支承机构，在机采和综采工作面，溜槽还作为采煤机的运行导轨。

溜槽分中部溜槽、过渡溜槽、调节溜槽和连接溜槽。中部槽每节长度 1.5m。为适应工作面运转条件而调节输送机铺设长度时，使用调节溜槽。机身两端与机头、机尾连接时，使用过渡溜槽和连接溜槽。

中部槽的连接装置，是将单个中部槽连接成刮板输送机机身之用，它既要保证对中性，使两槽之间上下、左右的错口量不超过规定，又要允许相邻两槽在水平、竖直两个平面内能折曲一定的角度，使机身有良好的弯曲性能；还要求同一型号中部槽的安装、连接尺寸相同，能通用互换。目前应用的有插销式、哑铃式、插入圆柱销式等。

哑铃销是一个中间直径 34mm，两端直径 60mm，形似哑铃的柱状销子。在两个不同直径部分都加工成扁形，如图 3-7(a) 所示。哑铃销用 40MnVB 合金结构钢制造，载荷超过 1000kN。

连接中部槽时，将哑铃销扁着放入中部槽特制的接头，然后旋转 90°，再将限位销插入哑铃销的孔中，并用弹簧圈固定，以防哑铃销转动掉出，如图 3-7(b) 所示。

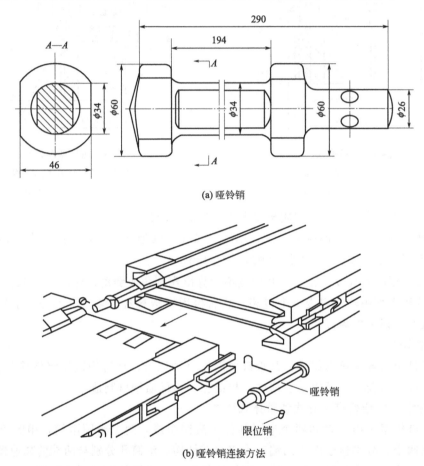

(a) 哑铃销

(b) 哑铃销连接方法

图 3-7 中部槽哑铃销连接

10. 紧链装置

刮板输送机在初期运行时，由于相邻溜槽接头趋于靠紧，间隙减小；刮板链使用中的塑性变形和磨损；运行中受牵引链的拉伸，产生弹性伸长等原因，刮板链就要伸长。伸长的刮板链就要在张力最小的地方松弛堆积，从而发生掉链、跳链或卡断链等事故。为了保证刮板输送机的安全运转，防止这些事故的发生，就必须随时对伸长松弛的刮板链进行紧链。

紧链装置的作用是拉紧刮板链。目前，可弯曲刮板输送机的拉紧装置有棘轮紧链器、闸带紧链器、液压紧链器和盘闸紧链器。目前重型刮板输送机多使用盘闸紧链器。盘闸紧链器是利用输送机的动力张紧或松开输送机刮板链的紧链装置。

闸盘紧链器以电动机与减速器连接筒为机座，用螺钉安装在连接筒上。它由装在减速器输入轴上的闸盘 1、钳臂 3、连接座 5、夹板 7、丝母 8、轴套 9、丝杠 10 和手轮 11 等零部件组成，如图 3-8 所示。顺时针转动手轮时，紧链器的钳臂 3 以销轴 4 为支点向闸盘移动，使钳臂上的摩擦块 2 对盘闸产生制动力。反方向转手轮时，钳臂反向移动，制动力减小，直至摩擦块离开闸盘。

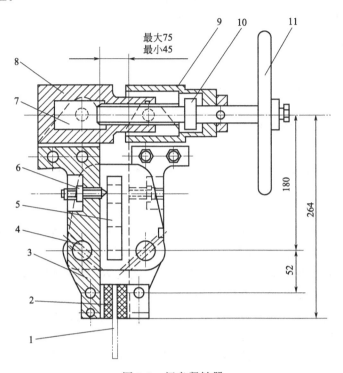

图 3-8　闸盘紧链器

1—闸盘；2—摩擦块；3—钳臂；4—销轴；5—连接座；6—螺钉；

7—夹板；8—螺母；9—轴套；10—丝杠；11—手轮

11. 推移装置

　　在综采工作面中，推移刮板输送机和移动液压支架是通过推溜器来完成的。推溜器又称推溜千斤顶，它由活塞杆 8、缸筒 7、活塞 9 和鼓形圈（活塞密封）10 等零部件组成，如图 3-9 所示。这种推溜器属于内注液千斤顶，操纵阀 3 装置在活塞杆端部，活塞杆与中部槽连接，缸筒后部通过支座（图中未示）支撑在顶板上。其工作原理如下。

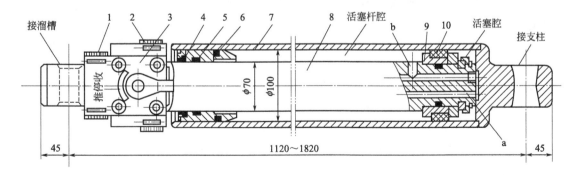

图 3-9　液压推溜器

1—进液孔；2—回液孔；3—操纵阀；4—防尘圈；5—U 形圈；

6—O 形圈；7—缸筒；8—活塞杆；9—活塞；10—鼓形圈

　　（1）推溜　工作液通过操纵阀从活塞杆底部孔 a 进到千斤顶底部的活塞腔，推动活塞及活塞杆前进，进行推溜。与此同时，活塞杆腔的工作液经过活塞杆侧面孔 b 回液。

（2）收回　工作液通过操纵阀另一位置从孔 b 进到千斤顶活塞杆腔，推动缸筒收回。与此同时，活塞腔的工作液经过活塞杆孔 a 回液。

三、刮板输送机安全操作规程

1. 上岗条件

第 1 条　刮板输送机司机必须熟悉刮板输送机性能及构造原理和作业规程，掌握输送机的一般维护保养和故障处理技能，懂得回采和巷道支护的基本知识，经过培训、考试合格，取得操作资格证后，方可持证上岗。

2. 安全规定

第 2 条　作业范围内的顶帮有危及人身和设备安全时，必须及时汇报处理后，方准作业。

第 3 条　电动机及其开关地点附近 20m 以内风流中煤层气浓度达到 1.5％时，必须停止运转，切断电源，撤出人员，进行处理；工作面回风巷风流中煤层气浓度超过 1.0％或二氧化碳浓度超过 1.5％时，必须停止运转，撤出人员，进行处理。

第 4 条　严禁人员蹬乘刮板输送机。用刮板输送机运送作业规程等规定允许的物料时，必须严格执行防止顶人和顶倒支架的安全措施。

第 5 条　开动刮板输送机前必须发出开车信号，确认人员已经离开机器转动部位，发出预警信号或点动两次后，才准正式开动。

第 6 条　检修、处理刮板输送机故障时，必须切断电源，闭锁控制开关，挂上停电牌。

第 7 条　进行掐、接链、点动时，人员必须躲离链条受力方向；正常运行时，司机不准面向刮板输送机运行方向，以免断链伤人。

第 8 条　拆卸液力偶合器的注油塞、易熔塞、爆破片时，脸部应躲开喷油方向，戴手套拧松几扣，停一段时间和放气后，再慢慢拧下。严禁使用不合格的易熔塞、爆破片。

3. 操作准备

第 9 条　备齐钳子、小铁锤、铁锹、扳手等工具，以及保险销、圆环链、刮板、铁丝、螺栓、螺母等备品配件，机械润滑油、液力耦合器油（液）等油脂。

第 10 条　检查机头、机尾处的支护是否完整，压、戗柱是否齐全牢固，附近 5m 以内有无杂物、浮煤或浮矸，洒水设施是否齐全无损，该处电气设备处有无淋水，有淋水是否已妥善遮盖。

第 11 条　检查机头、机尾的锚固装置是否牢固可靠，本台刮板输送机与相接的刮板输送机、转载机、带式输送机的搭接是否符合规定要求。

第 12 条　检查各部是否螺栓紧固、联轴器间隙合格、防护装置齐全无损；各部轴承及减速器和液力偶合器的油（液）量是否符合规定、无漏油（液）。

第 13 条　检查传动链有无磨损或断裂，调整传动链使其松紧适宜。

第 14 条　检查防爆电气设备是否完好无损，电缆是否悬挂整齐，信号装置是否灵敏可靠。

4. 操作顺序

第 15 条　刮板输送机司机操作顺序：检查→发出信号试运转→检查处理问题→正式启动→喷雾→正式运转→结束停机。

5. 正常操作

第 16 条　发出开机信号，并喊话，确定人员离开机械运转部位后，先点动两次，再启动试运转，检查传动链松紧程度，是否有跳动、刮底、跑偏等情况。

第 17 条　对试运转中发现的问题要及时处理，处理时要先发出停机信号，将控制开关的手把扳到断电位置锁定，然后挂上停电牌。

第 18 条　发出开机信号，待接到开机信号后，点动二次，再正式启动运转，然后打开喷雾装置喷雾降尘。

第 19 条　多台运输设备连续运行时，在未装有集中控制时应按逆煤流方向逐台开动，按顺煤流方向逐台停止；装有集中控制时应按顺煤流方向依次逐台开动，依次逐台停止。

第 20 条　刮板输送机运转中要随时注意电动机、减速器等各部运转声音是否正常，是否有剧烈振动，电动机、轴承是否发热（电动机温度不应超过 80℃，轴承温度不应超过 70℃），刮板链运行是否平稳无裂损；并应经常清扫机头、机尾附近及底溜槽漏出的浮煤。

第 21 条　运转中发现下列情况之一，要立即发出停机信号停机，进行妥善处理。

第 22 条　刮板输送机运行时，严禁清理转动部位的煤粉或用手调整刮板链，严禁人员从机头上部跨越。

第 23 条　本班工作结束后，将机头、机尾附近的浮煤清扫干净，待刮板输送机内的煤全部运出后，按顺序停机，然后关闭喷雾阀门，并向下台刮板输送机发出停机信号，将控制开关手把扳到断电位置，并拧紧闭锁螺栓。

6. 收尾工作

第 24 条　清扫机头、机尾各机械、电气设备上的粉尘。

第 25 条　在现场向接班司机详细交代本班设备运转情况、出现的故障、存在的问题。按规定填写刮板输送机工作日志。

思考与练习

（1）刮板链突然卡住的故障分析及处理。

（2）刮板输送机的基本结构是什么？

（3）在缓倾斜工作面刮板输送机适用于煤层倾角不超过多少？

（4）在综采工作面中，刮板输送机的作用是什么？

（5）刮板输送机的工作原理是什么？

（6）刮板输送机的特点和缺点各是什么？

任务四　刮板输送机的安装、调试与维护

能力目标

① 能够根据工作条件参与安装调试刮板输送机；
② 具备查找资料、文献获取信息能力；
③ 能够独立制定安装调试工作计划。

知识目标

① 熟悉刮板输送机安装调试要求；
② 熟悉刮板输送机完好标准。

一、刮板输送机地面安装与调试

1. 安装前的准备工作

（1）参加安装试运转的工作人员应认真阅读该机的说明书、配套设备的说明书及其它有关技术资料、安全法规，熟悉该机的结构、工作原理、安装程序和注意事项。

（2）核对刮板输送机的形式与能力是否与工作条件相适应。

（3）按该机的出厂发货明细表和技术资料，对整机所有零部件、附属件、备件及专用工具等逐项进行检查。

（4）按照整机所带技术资料，对所有零部件进行外观质量、几何形状检查，如有碰伤、变形、锈蚀应进行修复和除锈。特别对防爆设备，必须经专职防爆检查员检查，发给下井许可证后方可下井。

（5）准备好安装工具及润滑油脂。

（6）指定工作指挥人员，选择好安装场地。

为了检查刮板输送机的机械性能，使安装维修和操作人员熟练掌握、安装、修理和操作技术，最好在地面进行安装调试，没有问题后方可下井安装。

2. 刮板输送机在地面试装时的要求

（1）机头必须摆好放正，稳定垫实不晃动。

（2）中部溜槽的铺设要平、稳、直，铺设方向必须正确，即每节的搭板必须向着机头。

（3）挡煤板和槽帮之间要靠紧、贴严无缝隙。

（4）有铲煤板的刮板输送机，铲煤板与槽帮之间要靠紧、贴严无缝隙。

（5）圆环链焊口不得朝向中板，不得拧紧；双链刮板间各段链环数量必须相等。刮板的方向不得装错，水平方向连接刮板的螺栓，头部必须朝运行方向；垂直方向连接刮板的螺栓，头部必须朝向中板。

（6）沿刮板输送机安装的信号装置要符合规定要求。

（7）安装好后要进行认真检查和试运转，运转正常后才能做下井安装前的准备工作。

3. 安装程序

（1）凡参与安装的人员应始终遵守安全操作规程，严防设备和人身事故的发生，并拟定安装工艺文件。

（2）将安装用的所有零部件运到安装地点，按预定安装位置排放整齐。

（3）先将机头安装固定在一起，并按要求将电源与电动机连接。

（4）将刮板链条从机头架下链道穿过，链条不能互相缠绕。圆环链焊口靠下侧。

（5）按类似的方法将机尾部分安装完，其间链条用快速接头接好，以达到足够的长度。

（6）将链条分别绕过机头、机尾链轮并在上链道将其连接，并保持较松的状态。

（7）按设备总图将其余零部件安装齐全。

（8）消除链道处的杂物，检查各部分连接、紧固是否可靠。

4. 安装方法及注意事项

（1）输送机溜槽与刮板链的安装

① 将接好的刮板链绕过机头传动部的链轮，从机头传动部和过渡槽下面穿过 6～7m。

② 在底板上接长刮板链直至机尾，将接好的刮板链的刮板歪斜，使其能进入中部槽下槽帮为止。

③ 将连接槽、调节槽摆放在歪斜刮板的刮板链上。连接槽的一端与机头过渡槽尾端连接，另一端与调节槽连接，然后将刮板链拉直，使其进入下槽。将溜槽端头的连接销装好，再将另一节溜槽对入，一直到机尾传动部。

④ 将刮板链从机尾传动部下面穿过，绕过链轮放在溜槽的中板上。在上槽组装刮板链，直至机头。

（2）中部槽铺设安装

① 为了防止煤粉从溜槽接缝中漏入下槽，每块溜槽一侧都焊或压出一块接口板。铺设安装时，应将焊有接口板的一端迎着刮板链运行的方向，避免刮板在上下刮坏接口，如图4-1 所示。

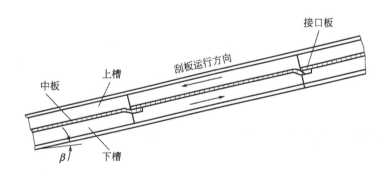

图 4-1　溜槽的连接方法

② 铺设封底溜槽时，每隔 4～5 块应铺设 1 块有活动窗的溜槽，便于检查下链。

③ 铲煤板与挡煤板之间用螺栓连接时，螺母不可拧紧，应留有一个缝隙 A，以便溜槽可以上下、左右弯曲。缝隙大小，如图4-2 所示。当螺栓为 M30 时，间隙 $A=11～13mm$。

（3）边双刮板链铺设安装

① 刮板方向，安装在 $\phi 8mm \times 64mm$ 圆环链上的刮板，在上槽运行的方向应使斜面向前，防松螺母背向刮板链运行方向，如图4-3 所示。

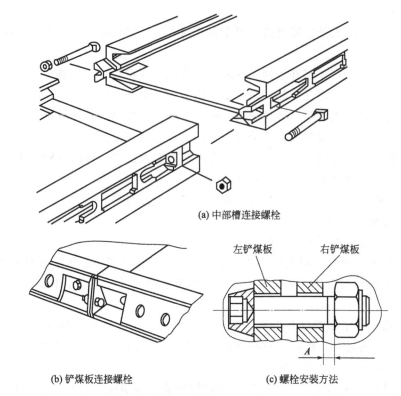

(a) 中部槽连接螺栓

左铲煤板　　右铲煤板

(b) 铲煤板连接螺栓　　　　(c) 螺栓安装方法

图 4-2　中部槽螺栓连接

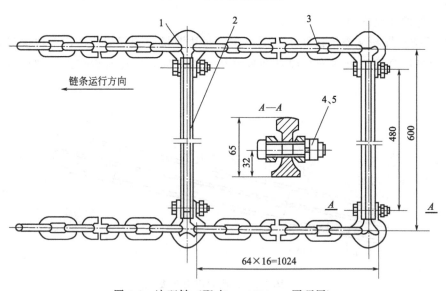

链条运行方向

图 4-3　边双链（配 ϕ8mm×64mm 圆环用）
1—连接环；2—刮板；3—圆环链；4,5—连接螺栓、防松螺母

安装在 ϕ22mm×86mm 圆环链上的刮板，在上槽运行的方向应使短腿朝向刮板链运行方向，使防松螺母背向刮板链运行方向，如图 4-4 所示。

② 刮板间距，对边双链为 1024mm，即 16 个环；对 ϕ2mm×86mm 边双链为 1032mm，即 12 个环。

③ 连接环，连接环的凸台应背离溜槽中板，如图 4-5 所示。M24 防松螺母必须拧紧，

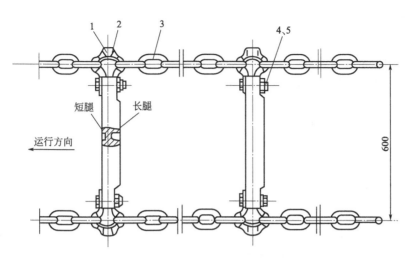

图 4-4　边双链（配 $\phi22\text{mm}\times86\text{mm}$ 圆环用）

1—连接环；2—刮板；3—圆环链；4,5—连接螺栓、防松螺母

其紧固力矩为 500N·m。

④ 圆环链，圆环链立环焊口应背离溜槽中板，平环焊口应背离槽帮，如图 4-5 所示。

（4）中单刮板链铺设安装

① 刮板的方向应使大弧形面朝向运行方向，如图 4-6 所示。应使 U 形螺栓背向溜槽中板，即刮板在上槽时，U 形螺栓应从下向上穿。

② U 形螺栓 M24 的防松螺母必须拧紧，对 $\phi26\text{mm}\times92\text{mm}$ 的中单链，紧固力矩为 500N·m。对 $\phi13\text{mm}\times108\text{mm}$ 的单链，紧固力矩为 600~700N·m。

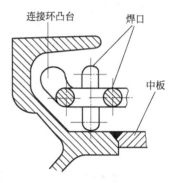

图 4-5　边双链连接环及圆环的位置

③ 刮板间距，对 $\phi26\text{mm}\times92\text{mm}$ 中单链，刮板间距为 920mm，即 10 个环。对 $\phi30\text{mm}\times108\text{mm}$ 中单链，一般机型刮板间距为 1080mm，即 10 个环；直弯刮板输送机，刮板间距为 432mm，即 4 个环。

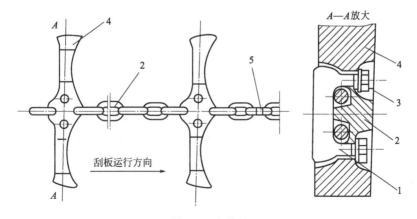

图 4-6　中单链

1—U 形螺栓；2—圆环链；3—防松螺母；4—刮板；5—连接环

④ 立环焊口应背离溜槽中板，即上链立环焊口朝上，下链立环焊口朝下。

⑤ 连接环应放在竖直位置，以便通过驱动链轮。接链环的弹簧销或其它固定用零件必须齐全，不得用其它零件代替。

（5）中双刮板链铺设安装

① 刮板的方向应使大弧形面朝向运行方向，如图 4-7 所示。使 E 形螺栓头指向背离溜槽中板，即刮板在上槽时，E 形螺栓应从下向上穿。

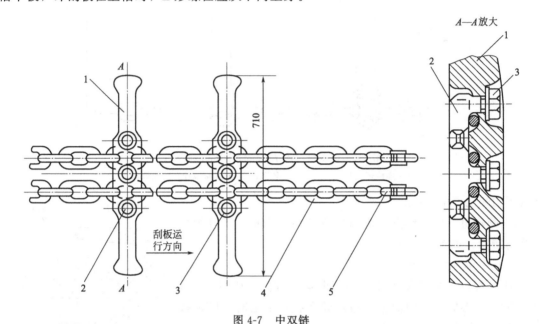

图 4-7　中双链

1—刮板；2—E 形螺栓；3—螺母；4—圆环链；5—接链环

② E 形螺栓 M24 的六角防松螺母必须拧紧，对 $\phi26mm\times92mm$ 的中双链，紧固力矩为 500N·m。对 $\phi30mm\times108mm$ 的中双链，紧固力矩为 600～700N·m。

③ 刮板间距：$\phi26mm\times92mm$ 中双链为 920mm，$\phi30mm\times108mm$ 中双链为 1080mm。

④ 立环焊口应背离溜槽中板，即上链立环焊口朝上，下链立环焊口朝下。

⑤ 接链环 5 应在竖直位置，便于通过链轮，固定零件不得缺少。

（6）空载试运转

① 点动电动机，观察机头、机尾电动机转向是否正确。方向一致后再点开电动机，观察有无卡刮及异常响声。

② 机尾传动的电动机应超前于机头传动的电动机，一般应控制在 0.0035～0.013s/m 之间，累加为延迟时间，但最小超前时间不小于 0.5s，最大超前时间不大于 3s。

③ 启动刮板输送机，检查电动机、减速器有无异常响声，其温度不应突然升高。

④ 检查链条与链轮啮合是否正常，有无跳链现象。检查刮板链在机头过渡或中间段是否有跳动现象，如有跳动，则说明链条预张力太大，应重新减小预张力。

⑤ 刮板链在整个上下链道应无卡阻现象。

（7）空载试运转的检查任务

① 检查电缆吊挂、开关、按钮是否良好。

② 检查输送机上有无人员作业，有无障碍物。

③ 点动机头、机尾电动机检查转向是否一致。

④ 检查机头、机尾液力耦合器、减速器、各连接螺栓、链轮、分链器、护板和压链块是否完好、紧固，润滑是否良好。

⑤ 从机头链轮开始，往后逐级检查刮板链、刮板、连接环及螺帽是否正确紧固。检查4～5m后，在刮板上做个明显记号。然后开动电动机，把带记号的刮板运行到机头链轮处，再从此记号向机尾检查，一直到机尾。在机尾处的刮板再做个记号，然后从机尾往机头检查中部槽、铲煤板、挡煤板的情况。回到机头处，开动电动机把机尾有记号的刮板运行到机头链轮处，再往机尾重复对刮板链的检查，直到机尾。至此，对刮板链检查了一个循环，在检查中发现问题要及时处理。

⑥ 紧链。输送机空载运转后，各溜槽消除了间隙，刮板链必然要产生松弛现象，因此，必须重新进行紧链。

二、刮板输送机井下安装与调试

1. 下井前的准备工作

① 各机件应完好无损，否则应进行修复。

② 不需要分解后下井的部件，应将连接件、紧固件紧固可靠。

③ 需要分解后下井的部件，应按类摆放，做好标记。易失、易混的小零件应按类包装。外露的加工、配合部件（如轴孔、油孔等），应采取防磕碰、防堵塞、防脏物等措施。

④ 根据地面的安装情况，制定下井和井下安装的工艺流程，并在下井机件的明显位置标明下井后的运送地点。

2. 井下安装与调试

① 刮板输送机在井下安装调试可参照地面安装调试的顺序进行。

② 采用边下井边安装，避免机件在上下顺槽中堆积。

③ 尽量将刮板输送机铺设平直，以保证其使用的可靠性和寿命。

④ 先进行空载运行1～2h，运行状况应符合要求。

⑤ 进行多机联动负荷运行4h，对机械化采煤工作面开机的顺序是由外向里逐台启动，即：带式输送机—转载机—刮板输送机—采煤机。停机顺序是由里向外逐台停止，即：采煤机—刮板输送机—转载机—带式输送机。

带负载试运转中应进行下列检查：

① 各部件紧固无松动。

② 刮板链的松紧程度。一般经验是在额定负荷时链轮分离点处松弛链环不大于两环，如图4-8所示，否则必须再次紧链。两条刮板链松紧程度基本相同。

③ 各传动装置是否过热，减速器和盲轴是否漏油，声音是否正常。电动机、减速器、链轮轴件等各部位的温度不得超过允许值75℃。

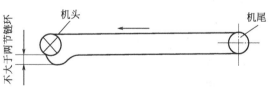

图4-8 刮板链的松紧程度

④ 电气系统工作正常；带负载试运转连续时间不得小于30min，然后按规定的程序进行逐项验收，同意后双方（安装方与使用方）签字，可交付使用。

三、综采工作面刮板输送机安装的特殊要求

① 综采工作面刮板输送机的机尾，一般在采煤机骑上溜槽后进行安装。因为机尾架较

高，先装机尾就增加了安装采煤机的工作量。

②装完中部槽后安装挡煤板。如果中部槽距煤帮较近，又有浮煤阻碍铲煤板的安装时，可在采煤机割刀后再装铲煤板，但 L 形铲煤板必须在采煤机割煤前安装。

③中部槽的安装一般与液压支架的安装配合进行，可以先装中部槽后装支架，也可边装支架边装中部槽，以保证支架的间距。如果先装支架后装中部槽时，必须及时调好支架间距，以免支架与中部槽不协调、影响推移千斤顶的连接。

④采用单轨吊与设在中部槽的滑板配合安装液压支架时，必须先安设全部工作面副板输送机，然后开动刮板输送机、利用刮板链将装有支架的滑板输送到支架安装地点，这种先安装刮板输送机的方法，既可保证支架的间距，又可随时将工作面的浮煤清理出去。

四、刮板输送机的维护

(一) 刮板输送机的日常维护

刮板输送机日常维护工作，主要应由当班电钳工负责进行，即对刮板输送机进行巡回检查。检查中发现的问题在计划检修时进行处理，如有刻不容缓的问题应立即处理。

巡回检查是在不停机的情况下进行，个别任务可利用运行的间隙时间进行。每班巡回检查次数应不少于 2 次。检查内容包括易松动的连接件、发热部位，如轴承温度（不超过 75℃），各润滑系统，如减速器、轴承、液力耦合器等的油位油量是否适当。电动机的电流、电压值是否正常，各运动部位有无振动和异响，安全保护装置是否灵敏可靠，各摩擦部位的接触情况是否正常等。

检查方法一般采用看、摸、听、嗅、试和量等办法。看是从外观检查；摸是用手感触其温度、振动和松紧程度等；听是对运行声音的辨别；嗅是对发出气味的鉴定，如油温升高气味和电气绝缘过热发出的焦臭气味等；试是对安全保护装置灵敏可靠性的试验；量是用量具和仪器对运行的机件，特别是受磨损件，如对链环等做必要的测量。

巡回检查应按一定的路线进行，即从磁力启动器、启动按钮、机头、中间部位至机尾。主要内容包括：

1. 磁力启动器

①动作是否灵敏；

②各螺钉的紧固情况；

③隔爆面及隔爆间隙；

④接地。

2. 电缆

吊挂、接头及损伤情况。

3. 按钮

①动作是否灵敏；

②螺钉紧固情况；

③隔爆面及隔爆间隙。

4. 机头

(1) 电动机：检查温度。

(2) 联轴器：检查间隙、同心度。

(3) 减速器：检查温度、油质、油量和齿轮啮合与磨损情况。

（4）机头轴：检查链轮的磨损和两侧轴头温度、螺栓等情况。

（5）机头架：重点检查各机座的连接螺栓。

5. 机身

（1）刮板链：对刮板链进行全面检查。

（2）中部槽：各节中部槽、过渡槽的磨损情况。

（3）铲煤板：各螺栓的紧固情况。

（4）挡煤板：各螺栓的紧固、导向管的磨损，挡煤板的变形情况。

6. 机尾

检查煤粉是否清除，机尾轴承。双机驱动时检查任务同机头。

（二）刮板输送机的月检

刮板输送机月检除包括日检所有的内容外，还应包括下列内容。

① 检查减速器齿轮啮合情况，清洗透气阀。

② 检查机头、机尾架、中部槽、过渡槽、挡煤板与铲煤板的磨损情况，更换个别磨损过限的上述零部件。

③ 检查紧链器各零部件的情况。

④ 分解检查电动机接线盒、防爆开关的隔爆面情况。

⑤ 测量电动机的绝缘情况及一台输送机上各台电动机的负载是否接近相等。

（三）刮板输送机的中修

刮板输送机中修一般是随工作面搬迁，约半年进行一次，升井在地面检修，除包括月检的内容外，还应包括：

① 分解检查、清洗机头链轮组件、机尾轴。

② 分解检查、清洗减速器齿轮、轴承。

③ 检查处理机头、尾架变形和磨损的部位。

④ 分解检查液力耦合器。

⑤ 干燥电动机。

（四）刮板输送机的大修

当采完一个工作面后，将设备升井进行全面的检修。刮板输送机大修除包括中修内容外还应包括下列内容。

① 修理减速器磨损的镗孔、更换损坏严重的减速器壳。

② 修理、焊补中部槽、挡煤板与铲煤板。

③ 分解检查修理电动机、清洗轴承，处理隔爆面。

五、刮板输送机的润滑

良好的润滑条件对输送机的正常运行起着决定性的作用。加注润滑油（脂）应按操作规程和相应的安全标准进行。对刮板输送机各部件定期、定点注油明细见表 4-1。

表 4-1 刮板输送机注油表

部件名称	注油部件	润滑油牌号	间隔期
电动机	轴承	ZL-3 锂基脂	检修期间
减速机	轴承及齿轮	N220 工业齿轮油	不足不充，以侵入大齿轮 1/3 为标准
链轮组件（机头轴）	轴承	ZGN-2 钙钠基脂	每月一次

续表

部件名称	注油部件	润滑油牌号	间隔期
齿轮联轴器	齿轮	N32 机械油	每月一次
盲轴	轴承	ZGN-2 钙钠基脂	2～3 个月一次
机尾轴	轴承	ZGN-2 钙钠基脂	每月一次

六、刮板输送机常见的机械故障

(一) 刮板输送机断链

1. 故障原因

刮板输送机的刮板链按规定都是 C 级标准的高强度圆环链, 安全系数一般都在 9 以上, 并能承受 30000 次循环疲劳试验, 所以正常使用是不易折断的。但实际使用中还有断链事故的发生, 其主要原因是:

(1) 制造质量问题: 有些制造厂生产的圆环链, 虽然强度达到了 C 级标准, 但由于热处理工艺不稳定, 30000 次循环疲劳试验不能保证, 因此, 在使用中因疲劳强度不够而折断。

(2) 自然磨损变形: 链条长期使用磨损过限, 伸长变形; 矿井水的腐蚀使链环产生锈蚀、脱皮, 降低了强度。

(3) 使用中发生跳牙掉链、链条过紧、双链长短不一、夹链、卡链等都能损伤链环。

(4) 使用条件: 工作面不平直、有急弯, 甚至工作面呈水平弧形弯曲, 这些对边双链受力很敏感, 有时只有一条链受力; 装煤过多, 损坏的刮板及溜槽未及时更换, 造成刮板的卡刮、运输器的碰卡; 工作面有大块矸石, 骤启骤停频繁启动等原因, 都会引起链环的疲劳和延伸、甚至折断。

2. 预防措施

除提高制造质量外, 主要是加强维护检查, 及时更换磨损和损伤链环。使用中避免链条过紧, 掉链时要正确处理。

3. 断底链的事故处理

刮板链断底链有两种情况: 一种是边双链只断一边, 这时应停止装煤, 将断链位置开到上槽进行处理; 另一种情况是两根链子全断或两根链子断一根, 但被下槽卡住不能开动。

断底链的位置看不见, 一般是不易查找的。如果查找方法不当, 就要浪费较长的时间, 影响生产。常用的查找方法是"对分"法。

以机头在下方的倾斜刮板输送机为例, 如图 4-9 所示。先在下溜槽的中间点"c"处, 将溜槽靠采空区一侧吊起, 查看有无刮板链松弛或刮板歪斜, 若有说明断链位置在机尾方向; 若无说明断链位置在机头方向。如果判断断链在机尾方向, 则应在机尾方向"b"处吊起检查, 如"b"处链条不松弛或刮板不歪斜, 说明断链处在"c""b"之间, 再在"c""b"之间用"对分"法检查, 依此类推就可较迅速地找到断链位置。

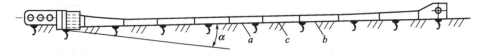

图 4-9 刮板链断底链"对分"检查

断底链的处理方法是：先将机头处的链子掐开，使底链放松。在断链的地方用木柱顶好溜槽，如图4-10(a) 所示，然后将断链接好，送入槽内。如果在槽下无法接链时，将断链两端从槽下拉出，如图4-10(b) 所示，在槽外进行接链，接好后再送入下槽。然后将溜槽放平，在机头掐链子的地方进行接链。

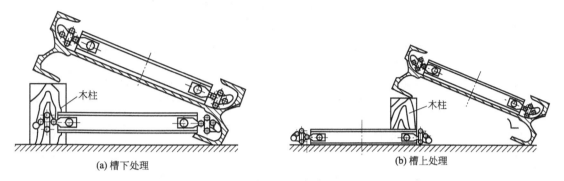

(a) 槽下处理　　　　　　　　　　　　　　(b) 槽上处理

图 4-10　刮板链底链断裂处理方法

（二）减速器声音不正常

1. 故障原因

① 齿轮啮合不好，齿轮磨损严重或断齿，齿面有黏附物；

② 轴承损坏，箱体内有杂物或轴承游隙太大；

③ 油量过多或过少，油质不干净；

④ 减速器散热条件不好。

2. 处理方法

调整齿轮啮合情况；更换齿轮、轴承；调整轴承游隙；重新加油。

（三）刮板链跳牙

刮板链跳牙发生在机头链轮处，它的后果是使链环变形、断裂和使刮板弯曲。刮板链跳牙的主要原因是：

① 刮板链松。刮板输送机在运转中，由于链环磨损、节距增大，而紧链工作又不及时；或新安装的刮板输送机在运行一段时间后，由于溜槽接头越来越紧，新刮板链的"毛茬"被迅速磨损，使链环节距增大，造成刮板链松弛。松弛的刮板链会使分链器失去作用，从而使链环跳出链轮造成跳牙。

② 链环节距伸长。链环节距伸长过限，破坏了与链轮的正常啮合关系，可引起跳牙。

③ 链轮与刮板链间嵌进矸石等硬物或齿顶磨秃，使链环被顶起而造成跳牙。

④ 边双链长度不同。使用旧刮板链时，两根刮板链长度不同，或成对更换长度不同，产生跳牙。

⑤ 刮板弯曲。刮板弯曲的结果使链条间距缩短，造成链环在链轮上的啮合条件变坏，产生跳牙。

⑥ 链轮轮齿严重磨损。链轮轮齿严重磨损使其与链环啮合不稳，形成"打滑"而跳牙。

⑦ 检查疏忽。因铺设安装时检查疏忽或将链环装错或链环扭麻花而引起跳牙。

（四）刮板弯曲和折断

刮板弯曲和折断的主要原因是过载引起的。一种情况是中部溜槽有大块煤或矸石，通不过采煤机，而刮板起了破碎机的作用，使刮板过载。另一种情况是中部溜槽两槽帮磨损过限，特别是下槽不易发现部分卡住刮板，使刮板过载或折断。

七、刮板输送机完好标准及检查方法

刮板输送机质量标准化标准见表 4-2。

表 4-2　刮板输送机质量标准化标准

任　务	完好标准	检查方法
一、资质	1. 设备下井前必须进行验收、资料齐全。设备必须有"三证一标志"，并由专人验收，留有记录	查阅资料
	2. 记录齐全(保护试验记录、机电事故记录、交接班记录、刮板机运行记录和设备检查检修记录)，检修后设备有检修记录，撕页、缺记录和记录填写不完整每次扣5分，由专人验收并有记录	查阅资料
二、电动机	符合《电动机完好标准》	查阅资料
三、减速机	符合《减速机完好标准》	查阅资料
四、液力耦合器离心耦合器	1. 泵轮、透平轮及外壳无变形、损伤、裂纹，运转时无异响、卡刮	现场检查
	2. 必须按规定装入水介质	现场检查
	3. 易熔合金塞和防爆片必须完整，熔化温度和耐爆压力符合规定。严禁用其它物品代替	现场检查
	4. 离心耦合器使用阻燃性摩擦片，严禁用其它物品代替	现场检查
	5. 液力耦合器与电动机、减速箱之间的联接筒的连接螺栓齐全紧固，各对口无扒口现象	现场检查
五、半滚筒	连接螺栓齐全、紧固，组合间隙应符合设计要求，一般在 1～3mm 范围内	现场检查
六、架体	1. 防腐良好，无严重变形，无开焊、裂纹	现场检查
	2. 螺纹连接件和锁紧件齐全，牢固可靠	现场检查
	3. 螺栓头部和螺母无铲伤或棱角严重变形，螺纹无乱扣或秃扣，且不得弯曲	现场检查
	4. 紧固件规格应一致，并使用防松装置	现场检查
	5. 喷雾可靠，机头压柱齐全	现场检查
七、分链器、压链器、护板	完整紧固，无变形，运转时无卡碰现象。抱轴板磨损不大于原厚度的 20%，压链器厚度磨损不大于 10mm。护板架紧固适当，无松动，无损坏	现场检查
八、紧链机构	部件齐全完整，操作灵活，安全可靠	现场检查
九、链轮	1. 齿轮不得有断齿，齿面不得有裂纹或剥落等现象	现场检查
	2. 链轮齿面无裂纹或严重磨损，链轮承托水平圆环链的平面的最大磨损：节距 ≤64mm 时不大于 6mm；节距 ≥86mm 时不大于 8mm	现场检查
	3. 链轮与机架两侧间隙应符合设计要求，一般不大于 5mm	现场检查
	4. 链轮不得有轴向窜动	现场检查
十、盲轴	1. 盲轴与机架连接牢固，螺栓无松动现象	现场检查
	2. 盲轴轴承转动灵活，平稳，无异响	现场检查
十一、刮板、链条	1. 刮板弯曲变形不得大于 15mm，刮板长度磨损不得大于 15mm，平面磨损不大于 5mm；刮板弯曲变形数不超过总数的 3%，缺少数不超过总数的 2%，并不得连续出现	现场检查
	2. 圆环链伸长变形不得超过设计长度 3%，链环直径磨损不得大于 3mm	现场检查
	3. 链条组装合格，运转中刮板不跑斜(跑斜不超过一个链环长度为合格)，松紧合适，链条正反方向运行平稳，无卡阻	现场检查
	4. 连接环螺栓齐全紧固，磨损量不得超过原设计的 10%，螺母紧固后螺栓应露出螺母 1～3 个螺距	现场检查
	5. 传动链组装合格：不能有拧麻花现象，连接环、刮板及传动链上的紧固螺钉齐全且不能接反或不顺向(螺栓头向机头方向为正确)	现场检查

续表

任　务	完好标准	检查方法
十二、溜槽	1. 溜槽平面变形不得大于 4mm	现场检查
	2. 焊缝不得开焊,中板和底板磨损不得大于设计厚度的 30%(局部不超过 50%)	现场检查
	3. 溜槽搭接部分无卷边	现场检查
	4. 溜槽连接件不得开焊、断裂,连接孔磨损不大于原设计的 10%	现场检查
	5. 溜槽槽帮上下边缘宽度磨损不大于 5mm	现场检查
十三、开关、小电	符合《低压防爆开关完好标准》和《小型电器完好标准》	现场检查
十四、信号、管线、照明	信号装置必须声光兼备,清晰可靠,管线吊挂符合规定要求,照明灯符合安全要求	现场检查
十五、文明卫生	机头电机减速机、皮带机尾、刮板机左右两边和转载点左右 5m 范围内卫生干净,无煤尘及积煤	现场检查

思考与练习

(1) 减速器漏油的故障分析及处理。

(2) 移动刮板输送机应注意什么?

(3) 工作面刮板输送机安装结束后应检查的项目是什么?

(4) 刮板输送机操作时的主要注意事项是哪些?

(5) 刮板输送机运行前的一般检查内容是什么?

任务五　带式输送机的操作

一、带式输送机组成和结构

带式输送机在我国现代化企业中使用很广泛，它是一种可连续输送的通用设备。如：煤矿、粮储、选矿厂、流水线装配等。带式输送机自 1795 年发明至今，经过两个多世纪的发展，已被电力、冶金、煤炭、化工、矿山、港口等各行各业广泛采用。特别是在第三次工业革命中得到了新材料、新技术的采用，使带式输送机的发展步入了一个新纪元。当今，无论从输送量、运送距离、经济效益等各方面来看，它已经可以和火车、汽车运输相抗衡，形成了三足鼎立的局面。

（一）带式输送机概述

带式输送机是以挠性输送带作物料承载和牵引构件的连续输送机械。用一条无端的输送带环绕驱动滚筒和改向滚筒运行。输送带即是牵引机构又是承载机构，两滚筒之间的上下分支各以若干旋转托辊支承，物料置于上分支托辊运输带上，利用驱动滚筒与带之间的摩擦力曳引输送带和物料运行，运行阻力较小。适用于水平和倾斜方向输送散粒物料和成件物品，也可用于进行一定工艺操作的流水作业线。它具有效率高，运输距离长，结构简单，工作平稳可靠，动力消耗低，操作方便，噪声污染小、安全等优点，对物料适应性强，输送能力较大，功耗小，应用广泛。常见带式输送机如图 5-1 所示。

（二）带式输送机的结构及原理

带式输送机主要是靠输送带来完成的一项工作。带式输送机又称胶带输送机。它可分为橡胶带、钢带、钢丝网带、塑料带等还有其它材料的输送带（如 PVC、PU、尼龙带等）。带式输送机由驱动装置拉紧输送带、中部构架和托辊组成，输送带作为牵引和承载构件，借以连续输送散碎物料或成件品。如图 5-2 所示为带式输送机组成。

特点：输送机上牵引和承载能力的构件，输送带应具有强度高、质量轻、伸长率小、吸水性小、耐磨性好特点。

材料：食品工业常用橡胶带、纤维编织带、网状钢丝带及塑料带。工作表面有平向和花

图 5-1　带式输送机

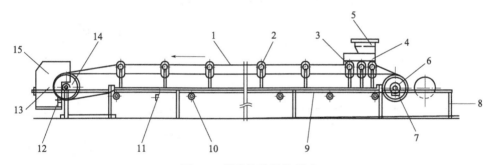

图 5-2　带式输送机的组成

1—输送带；2—上托辊；3—缓冲托辊；4—导料板；5—加料斗；6—改向滚筒；
7—张紧装置；8—尾架；9—空段清扫器；10—下托辊；11—中间架；
12—弹簧清扫器；13—头架；14—传动滚筒；15—头罩

纹两种，后者适宜于内摩擦力较小的光滑颗粒物料的输送，还有采用不锈钢带，其强度高、耐高温、耐腐蚀，适用于边输送，边清洗、沥水、烘烤、通风冻结、干燥的场合。

（三）输送带

① 橡胶带。橡胶带是由若干层纤维帆布作为带芯，层与层之间用橡胶加以粘合而成的。其上下两面和左右两侧还附有橡胶保护层。帆布带芯是胶带承受拉力的主要部分，而橡胶保护层的主要作用是防止帆布磨损及腐蚀。橡胶带按其用途不同可分为强力型、普通型和耐热型三种。带宽也有一系列的规格尺寸（200、250、300、400、450、500、650、800、1000、1200、1600mm 等）。橡胶带越宽，帆布层越多，承受的总拉力越大，随着帆布层数的增多，皮带的柔性变小。

② 钢带链节式（便于维护，成本低，卫生条件差）；整体式（成本高，难维护，卫生条件好）。

③ 钢丝网带式：造价高，耐磨，用于摩擦系数小的整体物料。

④ 塑料带：耐磨、耐酸碱、耐油、耐腐蚀。不适用温度变化范围大。一般有单层和多层结构，多层结构塑料带与普通型橡胶带相似。

（四）驱动装置——传动滚筒和改向滚筒

驱动装置包括电动机、减速器、驱动滚筒、改向滚筒、制动器。驱动滚筒是传递动力的主要部件，其长度略大于带宽。呈鼓形结构，即中部直径稍大，用于自动纠正输送带的跑偏。转向滚筒主要用于改变方向的。

驱动装置的组成如图 5-3 所示。驱动装置布置的形式如图 5-4 所示。传动滚筒如图 5-5 所示。胶面滚筒如图 5-6 所示。驱动滚筒如图 5-7 所示。

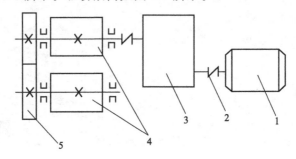

图 5-3　驱动装置的组成

1—电动机；2—联轴器；3—减速器；4—传动滚筒；5—传动齿轮

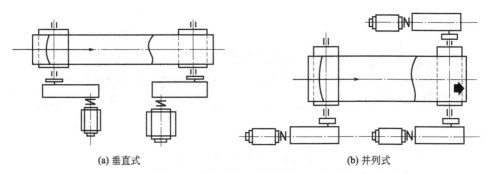

(a) 垂直式　　　　　　　　(b) 并列式

图 5-4　驱动装置布置的形式

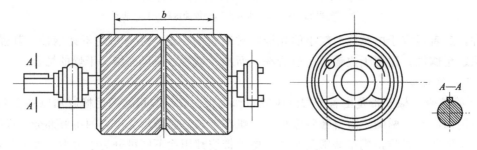

图 5-5　传动滚筒为人字形沟槽胶面滚筒

（五）托辊

作用：它主要用于承托输送带及其上面的物料，避免作业时输送带产生过大的挠曲变形。托辊分为上托辊（即载运托辊）和下托辊（即空载托辊）两种。上托辊：平托辊和凹面托辊，又有单辊式和多辊。下托辊：平托辊。托辊间距：一般 0.4～0.5m，物料轻取 1～2m，大于 20kg 成件品间距小于物料在运输方向长度 1/2。它的结构如图 5-8 所示。

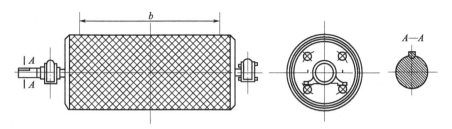

图 5-6　菱形（网纹）胶面滚筒

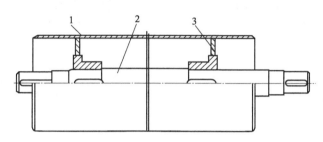

图 5-7　驱动滚筒结构

1—简壳；2—轴；3—简毂

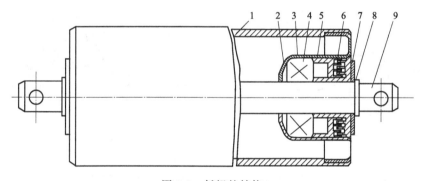

图 5-8　托辊的结构

1—管体；2,7—垫圈；3—轴承座；4—轴承；5,6—密封圈；8—挡圈；9—心轴

（六）张紧装置

功能：调节输送带的松紧程度。在型式上有：①螺旋式利用螺杆拉（压）力；②重锤式利用悬垂重物的重力。

（七）缓冲托辊

缓冲托辊用于带式输送机受料处减缓落料对输送带的冲击，主要针对洗煤厂、焦化厂、化工厂等腐蚀性环境而研制的一类托辊，它本身具有的韧性是普通金属的 10 倍以上，耐腐蚀，阻燃，抗静电，自重轻等特点，广泛用于矿山开采。托辊辊体专用的高分子材料，其力学性能高，具有很好的耐磨性，而且具有良好的自润滑性能，不伤皮带。缓冲托辊防腐性能好辊体本身密封件很高具有抗腐蚀性，可在腐蚀性场合使用，使用寿命可超过普通托辊。如图 5-9 所示。

性能及优点：缓冲托辊重量轻，旋转惯性小。托辊与皮带之间的摩擦也很小。

用途：缓冲托辊安装在输送机受料段的下方，减小落料时物料对输送带的冲击，以延长输送带的使用寿命。缓冲托辊的间距一般 100～600mm。

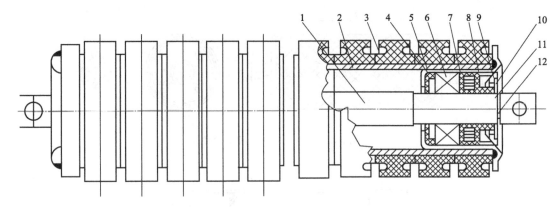

图 5-9 缓冲托辊

1—轴；2—筒体；3—阻燃橡胶圈；4—轴承座；5—密封圈；6—轴承；7—内密封圈；

8—外密封圈；9—内挡圈；10—外挡圈；11—挡板；12—轴用弹性挡圈

盘式制动器如图 5-10 所示。

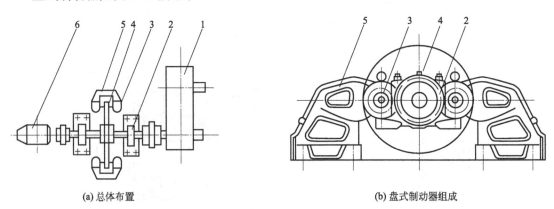

(a) 总体布置　　　　　　　　　　　(b) 盘式制动器组成

图 5-10 盘式制动器

1—减速器；2—制动盘轴承座；3—制动缸；4—制动盘；5—制动缸支座；6—电动机

带式输送机是一种摩擦驱动以连续方式运输物料的机械。主要由机架、输送皮带、皮带辊筒、张紧装置、传动装置等组成。它可以将物料放在一定的输送线上，从最初的供料点到最终的卸料点间形成一种物料的输送流程。它既可以进行碎散物料的输送，也可以进行成件物品的输送。除进行纯粹的物料输送外，还可以与各工业企业生产流程中的工艺过程的要求相配合，形成有节奏的流水作业运输线。带式输送机可以用于水平运输或倾斜运输，使用非常方便。

二、带式输送机工作原理

主动滚筒在电机的驱动下旋转，通过主动滚筒与输送带之间的摩擦力带动输送带上的货物一同连续运行，当货物载运到端部后，由于输送带换向而卸载货物。在这之间可利用专门的卸载货物装置在中部进行任意改变方向卸载货物。工作原理如图 5-11 所示。

三、带式输送机的类型

带式输送机按其输送能力可分为：重型皮带机和轻型皮带机。重型皮带机广泛用于矿山、煤场、粮储等大型运输行业，它具有有输送能力强，输送距离远，结构简单易于维护，能方便地实行程序化控制和自动化操作。运用输送带的连续或间歇运动来输送 100kg 以下

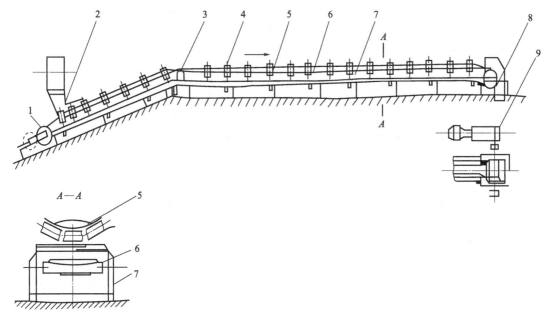

图 5-11　带式输送机工作原理

1—拉紧装置；2—装载装置；3—改向滚筒；4—上托辊；5—输送带；
6—下托辊；7—机架；8—清扫装置；9—驱动装置

的物品或粉状、颗粒状物品，其运行速度高、平稳，噪声低，并可以上下坡传送。

重型输送机可分为以下几项。

（一）通用固定式带式输送机

机架固定在底板上或基础上。一般在永久性的地点使用。如：选煤厂，井下主要运输巷。这种输送机拆装比较麻烦。所以不能满足机械化采煤工作面推进速度快的采煤区运输需要。

1. 适用范围

带式输送机广泛应用于电站、矿山、冶金、煤炭、化工、建材等行业的各种松散物料的输送，如：灰渣、水泥熟料、铁渣、矿渣、石灰石、焦炭、碎石等，特别是在温度高、容积与质量大和具有锋利锐角和磨损性强的物料。能作水平或倾斜提升的连续输送设备。适用于输送散状物料，尤其适用于输送锐利的、腐蚀性的灼热物料。输送距离最长可达 150m，提升高度可达 45m，输送日产量很高。是化工、铝镁电子、特别是水泥行业理想的输送设备。

2. 结构特点

皮带输送机的支撑滚轮内部采用滚动轴承结构，运行阻力小。设备运行平稳，无噪声。滚轮表面淬火处理，耐磨损，使用寿命长。链条采用合金钢制造，强度高，寿命长。钢轨采用轻轨制造，耐磨损，寿命长。采用弹簧螺旋调节张紧机构，可使链条的张紧力自动调整。链斗之间搭接严密，确保运行时不漏灰。

由于皮带输送机具有结构简单，横切面尺寸小，成本低，便于中间加载和卸料，操作安全方便。在输送过程中物料能均匀定量的输送至目的地，适用于运送粉状、粒状、小块状物料，如面料、水泥、煤粉、砂土、谷类、小块煤和石子等，但不宜输送易变质、黏性的、易结状的物料和大块面料。

（二）可伸缩带式输送机

由于综合机械化工作面推进速度较快，所以顺槽的长度运输距离变化也比较快，这就要求顺槽运输设备能够很快伸长或缩短。可伸缩带式输送机完全能够满足其需要，它的运送量大，运送距远，可满足我国煤矿井下高产量高效率综合开采工作面的需要，可伸缩带式输送机主要用于中厚煤层综合机械化采煤工作面的顺槽运输，也可作为固定的运输设备。

1. 用途和特性

可伸缩带式输送机主要用于综合机械化采煤工作面的顺槽运输，也可用于一般采煤工作面的顺槽运输和巷道掘进运输。用于顺槽运输时，尾端配刮板输送机与工作面运输机相接；用于巷道掘进运输时可与尾端配胶带转载机与掘进机相接使用。可伸缩带式输送机的主要特征：

① 除转载机与机尾有搭接长度调节可供工作面快速推进外，通过收放胶带装置和储带装置也可使机身得到伸长和缩短，从而能有效地提高顺槽运输能力，加快回采和掘进进度。

② 非固定部分的机身，采用无螺栓连接的快速可换支架，结构简单，拆装方便，工人劳动强度低，操作时间短。

③ 设备在机身固定部分的胶带张紧采用电绞车的胶带张紧调节装置。

④ 可伸缩带式输送机一般都采用通用的槽形托辊、下托辊和改向滚筒尺寸规格统一，都可通用互换。机头传动装置的液力耦合器、连接罩，减速器传动齿轮的弯曲刮板输送可根据环境的需要设计。

⑤ 传动滚筒外层包胶，摩擦系数大，初张力小，胶带张力小。

⑥ 输送机的电气设备应有隔爆性能，可用于有煤尘及瓦斯的矿井。

2. 可伸缩带式输送机的工作原理

可伸缩带式输送机和普通胶带输送机一样是以胶带作为牵引承载机构的连续运输设备。它与普通胶带输送机相比，增加了储带装置、收放带装置和机尾牵引绞车等机构，如图 5-4 所示。它利用胶带多次折返和收放的原理调节长度，当张紧车向机尾一端移动时，胶带进入储带装置内，机尾在绞车牵引下回缩；反之则机尾延伸，从而使输送机具有可伸缩的性能，以适应前进或后退式长壁采煤顺槽输送和巷道掘进运输的需要，当张紧车到达轨道的终端时，就需要收掉或接入一卷胶带，使输送机继续具有伸缩的性能。可伸缩带式输送机分为固定部分和非固定部分两大部分，固定部分由机头传动装置、储带装置、张紧装置、收放胶带装置等组成，非固定部分由无螺栓连接的快速拆装支架、机尾等组成，如图 5-12 所示。

（三）大倾角带式输送机

如图 5-13 所示。

1. 大倾角带式输送机的基本概述

（1）波状挡边带：在带式输送机起曳引和承载物料作用。

（2）电动滚筒：是动力传动部件，输送带借其与滚筒之间的摩擦力而运行，电动滚筒具有胶面，胶面滚筒可以增加滚筒和输送带之间的附力。

（3）改向滚筒、压带轮：用来改变输送带的运行方向。

（4）托辊组：托辊组用于支承输送带和带上的物料，使其稳定运行，平行托辊组用于支承输送带和带上的物料；缓冲托辊装于输送机受料处，以保护输送带，延长输送带使用寿命；凸弧托辊组用于波状挡边带转弯处；挡辊组用于防止胶带跑偏。

（5）螺旋拉紧装置：它的作用是使输送带具有足够的张力，保证输送和滚筒间不打滑；限制输送带在各支承的垂度，使输送机正常运转。

（6）清扫器：其作用是清扫黏附在输送带上的物料，本系列有滚振清扫器、空段清扫器两种。

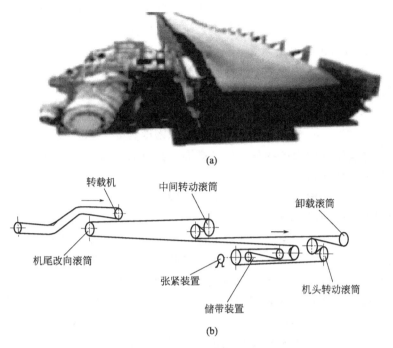

(a)

(b)

图 5-12　可伸缩带式输送机的布置系统图

(a)　　　　　　　　　　(b)

(c)

图 5-13　大倾角带式输送机

(7) 头架、头部漏斗、头部护罩、导料槽，中间架、尾架、支腿、驱动架等在输送机中分别起支承、防尘和导料作用，各件间联接采用螺栓联接或焊接。

2. 大倾角带式输送机的主要用途

(1) 挡边带式输送机为一般用途的散状物料连续输送设备，采用的是具有波状挡边和横隔板的输送带。因此，特别适用于大倾角输送。

(2) 该机可用于煤炭、化工、建材、冶金、电力、轻工、粮食、港口、船舶等行业，在工作环境温度为 $-15℃\sim+40℃$ 的范围内输送堆积密度为 $0.5\sim2.5t/m^3$ 的各种散状物料。

(3) 对于输送有特殊要求的物料，如：高温、具有酸、碱、油类物质或有机溶剂等成分的物料，需采用特殊的输送带。

(4) 挡边带式输送机输送倾角为 $0°\sim90°$ 范围内。

3. 大倾角带式输送机布置形式

为获得较好的受料和卸料条件，本机采用"Z"形布置形式，即设有：上水平段、下水平段和倾斜段，并在下水平段受料，在上水平段卸料。上水平段与倾斜段之间采用凸弧形段机架连接，下水平段与倾斜段之间采用凹弧段机架相连以实现输送带的圆滑过渡。

(1) 上水平段：为了适应不同的卸料高度的要求，头架分为低头架（头架高度 $H_0=1000mm$），中式头架（头架高度 $H_0=1100\sim1500mm$）和高式头架（头架高度 $H_0=1600\sim2000mm$）。并与之相应，在上水平段分别配用低式凸弧段机架和低式中机架支腿（配用头架高度 $H_0=1000mm$），中式凸弧段机架和中式中间架支腿（配用头架高度 $H_0=1100\sim1500mm$），高式凸弧段机架和高式中间架支腿（配用头架高度 $H_0=1600\sim2000mm$）。

(2) 倾斜段：无论上水平段采用的是低式、中式、或是高式中间架支腿，倾斜段均采用低式中间架支腿。当输送机倾角 $\beta\geqslant45°$ 时，一般采用低式中间架支腿。

(3) 下水平段：下水平段采用低式中间架支腿。

4. 大倾角皮带输送机主要特点

(1) 节省占地面积，节省投资。

(2) 输送量大，通用性强。输送机倾角：$0°\sim90°$，种类多，通用性强。

A 深槽带式输送机（$25°\sim28°$）

B 波纹挡带式输送机（$30°\sim90°$）

C 花纹带式输送机（$25°\sim32°$）

D 压带式输送机（$90°$）

E 管状带式输送机（$27°\sim47°$）

(3) 维修方便，零部件具有通用性。

(4) 应用范围广：冶金、矿山、码头、环保、粮食、化工、建材。

5. 大倾角皮带机部件的名称及用途

(1) 波状挡边输送带：在输送机中起曳引和承载作用。波状挡边、横隔板和基带形成了输送物料的"闸"形容器，从而实现大倾角输送。

(2) 驱动装置：是输送机中的动力部分，由 Y 系列电动机、ZJ 型轴装式减速器、楔块式逆止器组成。

(3) 传动滚筒：是动力传递的主要部件，输送带借其与传动滚筒之间的摩擦力而运行。本系列传动滚筒有胶面和光面之分，胶面滚筒是为了增加滚筒和输送带之间的附着力。

(4) 改向滚筒：用于改变输送带的运行方向。改向滚筒用于输送带下表面（非承载面）。

（5）压带轮：用于改变输送带的运行方向，压带轮用于输送带上表面（承载面）。

（6）托辊：托辊用于支承输送带和带上的物料，使其稳定运行。本系列有上平行托辊、下平型托辊两种型式。

（7）托带辊：托带辊用于在凸弧段机架上支承输送带下分支，其支承于挡边输送带两侧的空边上。若干组托带辊形成一个圆弧段用于使输送带改向。托带辊采用悬臂支承。

（8）立辊：立辊用于限制输送带跑偏，并安装在上、下过渡段机架上。每个过滤段机架上设有 4 个，上、下分各两个。

（9）拍打轮清料装置：用于拍打输送带背面，震落粘在输送带上的物料。

（10）拉紧装置的作用：使输送带具有足够的张力，保证输送带和传动滚筒间不打滑；限制输送带在各支承间的垂度，使输送机正常运转。

（11）机架、头部漏斗、头部护罩、导料槽、中间架、中间架支腿等：在输送机中分别起支承、防尘和导料作用。本系列中间架支腿有低式、中式和高式三种。下水平段和倾斜只配用低式中间架支腿，而上下水平段根据不同的头架（低式、中式和高式头架）分别配用不同的中间架支腿（低式、中式和高式中间架支腿）。

6. 选对大倾角皮带输送机是提高采矿效率的条件

由于如今的运送设备的品种和类型的增多而添加的选出适宜的大倾角皮带输送机的难度，而运送设备厂家的添加又给挑选质量杰出的大倾角皮带输送机添加了挑选难度。其实像采矿业运用的运送设备最佳选用大倾角皮带输送机，由于大倾角皮带输送机的作业能力强，作业性能好，适应动摇较大的运送量的改动，而选出适宜的运送设备是提高采矿效率的条件预备。

选好设备是提高出产效率的条件，可是选好运送设备的机型和品种是选好设备的条件，因而，在选用运送设备时许多采矿公司都首要考虑大倾角皮带输送机。大倾角皮带输送机是一个与一般的输送机具有通用性的运送设备，同时它又有一般的运送设备没有的功用和能运送一般输送机不能运送的特别性质的物料，而这些是大倾角皮带输送机运用范围广于其它运送设备的根本缘由。

大倾角皮带输送机运送能力强，能运送大范围内运送量不一样的物料，即是适应物料的运送量的动摇较大。大倾角皮带输送机由于有波状挡边，在运送物料撒落物料的量几乎为零，并且运送视点和高度可调，这也是许多的客户会选用大倾角皮带输送机的缘由之一。大倾角皮带输送机尽管运送量大，作业能力强，但是它的体积却不大，而作业时的噪声影响也很小。采矿业选用大倾角皮带输送机是最佳的选择。

大倾角皮带输送机与一般带式输送机的异同：

大倾角皮带输送机与一般的带式输送机之间并没有太大的区别，可是它们用的规模及运送物料的区别却有着很大的不一样之处。大倾角皮带输送机与一般的带式输送机之间的区别是由于它们的布局不一样，或是它们选用的制造资料或是它们所用的运送带不一样。

大倾角皮带输送机具有一般带式输送机的通用性，能运送一般带式输送机运送的一切物料。大倾角皮带输送机运送的散状物料一般带式输送机也能运送，可是一般的带式输送机不能再大的倾角下运送物料，这是大倾角皮带输送机优于一般带式输送机的一个工作上的特色。大倾角皮带输送机比一般的带式输送机运送的物料较广泛，运送一般带式输送机不能运送的物料，例如：具有酸性、碱性或油脂类物料。

一般带式输送机的运送物料规模较小，并且机械占地面积也会较大倾角皮带输送机大些，而大倾角皮带输送机能在 0°～90°之间运送物料且占地面积较小。大倾角皮带输送机不仅有大倾角的运送带，还有一个波形的挡边。这是它们布局上的不一样处。

由于一般带式输送机与大倾角皮带输送机都是运送设备，并且还都是带式运送设备，所以它们之间除了运送物料的性质有些不一样外并没有太多的不同点。

（四）双向运输带式输送机

构造：它是在可伸缩带式输送机的基础上，增设下胶带装卸料装置设计而成。

工作原理：上胶带用来向外运送掘进落下的煤或矿石，下胶带用来向掘进工作面运送支护材料（长度小于 4m 的直线材料、工字钢、木板等）。下胶带可以通过自动装卸料装置。

特点：实现自动定点装卸料。装料点位于储带装置后面，卸料点随机尾可一起延伸。特点是一机多用，操作方便；替代了人工拉扛支护材料，减轻了工人劳动强度，提高了生产效率。

（五）多点驱动带式输送机

多点驱动带式输送机的特点：多点驱动带式输送机又称中间助力多点驱动带式输送机，就是除了在机头设滚筒驱动装置外，在输送机的中间部位又设置若干套驱动装置。

多点带式输送机的特点是可以降低输送带的牵引力，使用普通编织输送带，实现增长输送距离的目的。

多点驱动带式输送机有两种形式：

（1）直线摩擦式多点驱动带式输送机：它是在原输送机（主机）输送带下增设一台或多台普通带式输送机（辅机）承托主机输送带同步运行，依靠摩擦减小主机输送带的牵引力。

（2）中间滚筒卸载式多点驱动带式输送机：它是在一台可伸缩带式输送机原有的输送带的中间增设驱动点，以减小输送带的牵引力。

实用性：主要用于长距离，大运量的运输。主要有摩擦式和中间转载两种。

优点：采用直线式多点摩擦，胶带弯转次数少，有利于延长输送带使用寿命。

（六）钢丝绳芯带式输送机

图 5-14　钢丝绳芯带式输送机

钢绳芯胶带输送机如图 5-14 所示，是采用钢绳芯胶带作牵引和承载构件的一种连续运输设备。适用于长距离、大运量和输送密度为 $0.8～2.5 t/m^3$ 的散状物料，它广泛地使用于煤炭、冶金化工、水电、交通等部门的露天矿山、矿井、电厂、港口码头等场所。可运输煤、铁矿石、岩石、建筑材料等大宗散状物料。同时还便于实行运输系统的机械化和自动化，因此这是一种大容量，长距离高效能的运输设备。

（1）适用范围：DX 型系列属于高强度带式输送机，适用于长距离、大运量和输送密度为 0.8～2.5t/m³ 的散状物料，符合 ZBD 93008 标准，是煤矿井下巷道集中运输的理想设备，工作环境温度一般为 －10℃～＋40℃ 范围，上运倾角可达 28℃，下运倾角可达 －25℃。

（2）结构特征：机身为钢架落地或吊持两种形式，滚筒为双幅板焊接或铸焊结构。单机长度可达数千米。按带宽和带的强度可以组成 51 种不同的产品。

特点：钢绳芯胶带输送机是一种新型的高强度连续运输设备。它具有运输能力大、运输距离长、运行可靠、操作简单、可组成连续运输或半连续运输、易于实现自动化和经济效益显著等特点，因而得到了广泛的应用和发展。目前钢绳芯胶带输送机正在向大功率、高速度发展，以满足大型露天矿特别是深凹露天矿的生产需要。与其它胶带输送机相比，具有以下特点：

① 横向刚性小，成槽性能好；

② 强度较大，可满足大多数矿山要求；

③ 抗疲劳能力强，抗震性能好；

④ 胶带伸长量较小。

（七）气垫带式输送机

气垫带式输送机的种类分为全气垫式和半气垫式，上胶带用气室，下胶带用托辊支承，我国常用半气垫式。如图 5-15 所示。

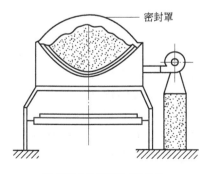 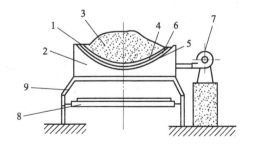

(a) 密封式半气垫带式输送机　　　　　　(b) 敞开式气垫带式输送机

图 5-15　气垫带式输送机

1—输送带；2—气室；3—物料；4—盘槽；5—气孔；6—气垫；

7—鼓风机；8—回程平托辊；9—气室支架

原理是每节气室长 3m，气室之间加密封垫并用螺栓连接。利用离心鼓风机通过风管将具有一定压力的空气流送入气室 2，气流通过盘槽 4 上按一定规律布置的小孔进入胶带 5 与盘槽之间。由于空气流具有一定的压力和黏性，在胶带与盘槽之间形成一层很薄的气膜 5（也称气垫），气膜将胶带托起，并起润滑剂的作用，浮在气膜胶带上，在机头主动滚筒驱动下运行。如图 5-16 所示。

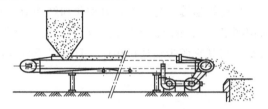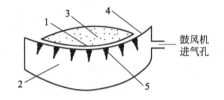

图 5-16　气垫带式输送机工作原理
1—输送带；2—送气室；3—物料；4—盘槽；5—气孔

气垫带式输送机的特点如下。

优点：

（1）运行平稳：由于气膜形成了较均匀的支承面，在运输中不振动。

（2）能耗低：由于胶带浮在气膜上，变固体滚动摩擦为流体摩擦，运行阻力大大减小，运行阻力系数为 0.02～0.002。

（3）跑偏少：胶带与物料悬浮在盘槽上，有效地减少了胶带跑偏。

（4）维修费用低：由于气室取代了托辊，使运动部件减少，维修量下降。

缺点：

（1）空载或轻载时，气垫不稳定，胶带中央悬浮过高，带的两侧易被盘槽磨损。

（2）供气及沿线气压损失造成能耗损失。

（3）不适应很大的散状物料和成件货物运输。

（八）链板式输送机

链板输送线可承受较大载荷、长距离输送；线体形式为直线、转弯输送；链板宽度可根据客户需要或实际情况设计。链板形式为直线链板、转弯链板。主体结构采用碳钢喷塑或镀锌，洁净室和食品行业采用不锈钢制作。链板输送线广泛应用于柴油机、家用电器、食品、汽车、摩托车、发动机等行业的装配及输送。

1. 工作原理与结构特点

链板式输送机与带式输送机的原理一样。它是以金属或不锈钢为链板牵引承载机的连续运送设备，该机结构由链板、减速机、传动滚筒、从动滚筒、托辊、支承架、挡板、侧板等组成，见图 5-17。根据用户需求设计不同长度、宽度、高度的输送机能水平及倾斜输送，可实现高的生产率、长距离输送，该设备具有结构简单，维修方便，载重量大、自清理能力强，高度在有效范围内任意调节，张紧装置可以在设备运行时调整。可与其它装置配套使用。

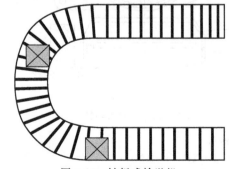

图 5-17　链板式输送机

2. 用途

它与带式输送机基本一样。主要作为自动定量包装秤的辅助设备，运送物料应是箱体盒体、种子、粮食、饲料、化工、化肥、农药等行业的成品，如图 5-18 所示。

图 5-18　链板式输送机

3. 特点

（1）链板式输送机是以链条作为牵引和承载体输送物料，链条可以采用普通的套筒滚子输送链，也可采用其它各种特殊链条。

（2）输送能力大，可承载较大的载荷。

（3）输送速度标准稳定，能保证精确的同步输送。

（4）易于实现积放输送，可用做装配生产线或作为物料的储存输送。

（5）可在各种恶劣的环境（高温、粉尘）下工作，性能可靠。

（6）链条的结构和种类丰富多样，还可采用多种附件，能满足各种不同要求，也可双向运送物料。

链板式输送机也有伸缩式、链板式输送机，其中常见的有：二节伸缩链板式输送机、三节伸缩链板式输送机、四节伸缩链板式输送机。

伸缩链板输送机也叫伸缩输送机或伸缩装车机，是组成有节奏的流水作业线所不可缺少的经济型物流输送设备。

二节伸缩链板输送机：二节伸缩链板输送机前端框架的伸缩驱动机构，其包括前端框架、称重轮、驱动齿轮和驱动轴，在驱动轴的左右两侧分别固定连接有一称重轮，在称重轮的外表面设置有一圈均匀排列的驱动齿轮，前端框架设置于驱动轴的上方，在前端框架的左右两侧分别设置有一行竖向均匀排列的方形孔，方形孔与驱动齿轮相互啮合。

三节和四节伸缩链板输送机与二节原理基本一样，就是可伸缩长一些。

四、带式输送机的基本操作

1. 开机操作前的准备工作

① 首先检查输送带的松紧也就是张力；

② 检查各部件的螺栓及轧辊的紧固、各传动滚筒、改向滚筒轧辊转动是否灵活；

③ 确保各检测信号系统、保护装置和连接装置牢固可靠，各种电缆吊挂整齐；

④ 主机系统及传动系统的油润滑和油位满足技术要求；

⑤ 检查输送带是否与结构架接触；

⑥ 检查机头、机尾清扫器是否符合技术要求；

⑦ 清除胶带上及机道内的杂物。

2. 开机操作

① 给带式输送机上电；

② 检查机尾和有关位置的信号情况；

③ 带式输送机开机后必须回零；

④ 点动试车确定无问题再正式开机；

⑤ 带式输送机应按顺序启动开机，输送机是多台使用应先从卸料机开始启动。

3. 运行注意事项

（1）运行前应发出警告，注意与本工作无关人员是否离开输送机传动位置和输送区域。禁止搭乘人员及规定物料以外的物料材料和设备。

（2）带式输送机运行中注意观察机头传动装置、轧辊、滚筒及其它装置的工作情况。

（3）注意运行胶带的张力及跑偏情况，发现及时调整。

（4）注意操作台表盘指标情况，发现异常立即关机处理。

（5）保持头脑清醒不得出现误操作。

（6）在更换带式输送机配件时必须关掉电源，要有专人监护。

（7）停机时经常清扫机器上的杂物，禁止运行中清扫。

4. 停机及注意事项

（1）接到停机信号后要向机尾上下岗位发出停机信号。

（2）停机前必须把输送机上的物料全部卸完才能停机，多台输送机连接使用，应从加料一台开始顺序停机。

5. 注意事项

① 胶带不能积存物料；

② 如果输送机发生问题应及时停机关掉电源，把胶带上的货物及时卸掉，进行点试车检查。

五、轻型输送机

轻型皮带机广泛应用于医药、化工、电子、塑料、食品等行业。轻型输送机适用场所：适用于大多数规则和不规则物品的输送，如：箱装、封口、袋装、小件、散件、颗粒轻型组合输送机系列（又称蛇形输送机），能满足各形状、特性的物料在水平、垂直方向的组合输送。如图 5-19 所示，轻型输送机可任意设置进、出料口的位置和数量。箱体可气密输送，并能进行危险品的输送。可输送粉状和小颗粒状物料。适合输送的物料有：食品、橡胶粉、氧化锌玻璃、颜料、炭墨等。

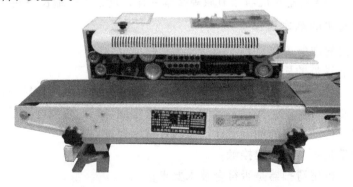

图 5-19　医用封口机用的轻型带式输送机

　　轻型输送机历史悠久，发展完善在改革开放以后，大量用于轻工行业。外形简洁美观，环保低耗，可移动性强，组装快捷。其特点：

（1）采用滚动摩擦，功耗小，噪声低，输送平稳。

（2）输送的物料几乎完全可以排出。

（3）立体输送，占用空间少。

（4）全封闭，无泄漏，无污染。适用于粉料等的运输。

思考与练习

（1）带式输送机的工作原理。

（2）什么是输送机跑偏，跑偏有什么危害？

（3）托辊有什么作用，按用途分为几种？

（4）带式输送机滚筒、托辊的完好标准是什么？

任务六　带式输送机的安装调试

带式输送机因传动结构简单、能耗较小、便于维护、使用成本低的优点成为流水生产线作业中不可缺少的物流输送设备。带式输送机是一种输送量大，运行费用低，使用范围广的输送设备，该机适用于输送散状物料或成件物体，根据输送工艺的要求可单机输送，也可多台或与其它输送设备组成水平或倾斜输送系统。下面来了解一下如何安装和调试带式输送机。

一、带式输送机的安装

（一）皮带输送机安装的步骤

1. 带式输送机安装

先从头架开始的，然后顺次安装各节中间架，最后装设尾架。在安装机架之前，首先要在输送机的全长上拉引中心线，因保持输送机的中心线在一直线上是输送带正常运行的重要条件，所以在安装各节机架时，必须对准中心线，同时也要把架子找水平，机架对中心线的允许误差，每米机长为±0.1mm。但在输送机全长上对机架中心的误差不得超过35mm。当全部单节安设并找准之后，可将各单节连接起来。

2. 安装驱动装置

安装驱动的装置时，必须注意使带式输送机的传动轴与带式输送机的中心线垂直，使驱动滚筒的宽度中心与输送机的中心线重合，而且，减速器的轴线与传动轴的轴线平行。同时，所有轴和滚筒都应找平。轴的水平误差，根据输送机的宽窄，允许在 0.5～1.5mm 的范围内。在安装驱动装置的同时，可以安装尾轮等拉紧装置，拉紧装置的滚筒轴线，应与带式输送机的中心线垂直。

3. 安装托辊

在机架、传动装置和拉紧装置安装之后，可以安装上下托辊的托辊架，使输送带具有缓慢变向的弯弧，弯转段的托滚架间距为正常托辊架间距的 1/2～1/3。托辊安装后，应使其回转灵活轻快。

4. 带式输送机的最后找准

为保证输送带始终在托辊和滚筒的中心线上运行，安装托辊、机架和滚筒时，必须满足下列要求：

（1）所有托辊必须排成行、互相平行，并保持横向水平。

（2）所有的滚筒排成行，互相平行。

（3）支承结构架必须呈直线，而且保持横向水平。

为此，在驱动滚筒及托辊架安装以后，应该对输送机的中心线和水平作最后找正。然后将机架固定在基础或楼板上。带式输送机固定以后，可装设给料和卸料装置。

5. 挂设输送带

挂设输送带时，先将输送带带条铺在空载段的托辊上，围抱驱动滚筒之后，再敷在重载段的托辊上。挂设带条可使用 0.5～1.5t 的手摇绞车。在拉紧带条进行连接时，应将拉紧装置的滚筒移到极限位置，对小车及螺旋式拉紧装置要向传动装置方向拉移；而垂直式捡紧装置要使滚筒移到最上方。在拉紧输送带以前，应安装好减速器和电动机，倾斜式输送机要装好制动装置。带式输送机安装后，需要进行空转试机。在空转试机中要注意输送带运行中有无跑偏现象、驱动部分的运转温度、托辊运转中的活动情况、清扫装置和导料板与输送带表面的接触严密程度等，同时要进行必要的调整，各部件都正常后才可以进行带负载运转试机。如果采用螺旋式拉紧装置，在带负荷运转试机时，还要对其松紧度再进行一次调整。

皮带输送机一般按成品单元发运。卸车搬运时应避免碰撞，吊运时应注意避免零部件变形。皮带输送机安装时应注意以下几个方面的问题。

（1）含有传动部分的单元，发货时一般要求装箱。拆箱时避免磕碰。对脏污严重的传动件，安装皮带输送机前应进行清洗。

（2）安装皮带输送机时，按照图纸要求进行，各运动部件应运动灵活。各张紧装置，按照要求调整适度。

（3）设备的储运，运输应有防雨措施，应避免零部件与雨水直接接触。

（4）安装皮带输送机一般不需预埋。用膨胀螺栓固定设备，且设备地脚高度可以进行调整，故对地面无特殊要求。设计单位提供地脚分布及地脚载荷分布图，土建部分按要求施工地面。

（5）安装皮带输送机时，按总图的尺寸要求在地面划出各设备的中心线，此中心线一定要和相关设备的中心线相吻合，设备按线安装，地脚用膨胀螺栓紧固。

（6）照图纸要求调整各输送面标高，直线度，水平度高等。

（7）敷设电气槽（管）。

（8）安装配电柜（箱）、接线等。

（二）带式输送机的调试步骤

在带式输送机调试之前，首先要确认带式输送机设备、人员均处于安全完好的状态；其次检查各运动部件是否正常，检查所有电气线路是否正常，正常时才能将带式输送机进行调试运行。最后要检查供电电压与设备额定电压的差别不超过±5%，调试步骤：

（1）各设备安装后精心调试带式输送机，满足图样要求。

（2）各减速器，运动部件加注相应润滑油。

（3）安装带式输送机达到要求后各单台设备进行手动工作试车，并结合起来调试带式输送机以满足动作的要求。

（4）调试带式输送机的电气部分。包括对常规电气接线及动作的调试，使设备具备良好性能，达到设计的功能和状态。

二、带式输送机安全操作规程

固定式带式输送机可以不按系列进行设计。设计者可按照机械工业部编制《固定式带式输送机设计选用册》，并根据输送工艺要求，按不同的地形、工况进行选型设计并组合成整台输送机。固定式带式输送机的部件可满足水平及倾斜输送的要求也采用带凸弧，凹弧段与直线段组合的输送行驶。输送机允许输送的物料块度取决于皮带宽度，带的速度，槽角和倾角，也取决于物料的大小与物料输送的频率。各种带的宽度可以按运送物料最大选择。

（1）输送机在正常工作条件下应具有足够的稳定性和强度。

（2）电气装置的设计与安装必须符合 GB 4064 和 GBJ 232 的规定。

（3）输送机必须按物料特性与输送量要求选用，不得超载使用，必须防止堵塞和溢料，保持输送畅通。

① 输送带应有适合特定的载荷和输送物料特性的足够宽度；

② 输送机倾角必须设计成能防止物料在正常工作条件下打滑或滚落；

③ 输送机应设置保证均匀给料的控制装置；

④ 料斗或溜槽壁的坡度、卸料口的位置和尺寸必须能确保物料靠本身重力自动地流出；

⑤ 受料点应设在水平段，并设置导料板。受料点必须设在倾斜段时，需设辅助装料设施；

⑥ 垂直拉紧装置区段应装设落料挡板；

⑦ 受料点宜采取降低冲击力的措施。

（4）输送黏性物料时，滚筒表面、回程段带面应设置相适应的清扫装置。倾斜段输送带尾部滚筒前宜设置挡料刮板。消除一切可能引起输送带跑偏的隐患。

（5）倾斜的输送机应装设防止超速或逆转的安全装置。此装置在动力被切断或出现故障时起保护作用。

（6）输送机上的移动部件无论是手动或自行式的都应装设停车后的限位装置。

（7）严禁人员从无专门通道的输送机上跨越或从下面通过。

（8）输送机跨越工作台或通道上方时，应装设防止物料掉落的防护装置。

（9）高强度螺栓连接必须按设计技术要求处理，并用专用工具拧紧。

（10）输送机易挤夹部位经常有人接近时应加强防护措施。

三、带式输送机的维护

为了保证带式输送机运转可靠，最主要的是及时发现和排除可能发生的故障。为此操作人员必须随时观察输送机的工作情况，如发现异常应及时处理。维修人员应定期巡视和检查任何需要注意的情况或部件。例如一个托辊，并不显得十分重要，但输送磨损物料的高速输送带可能很快把它的外壳磨穿，出现一个刀刃，这个刀刃就可能严重地损坏一条价格昂贵的输送带。受过训练的或有经验的工作人员能及时发现可能发生的事故隐患，并防患于未然。带式输送机的输送带在整个输送机成本里占相当大的比重。为了减少更换和维修输送带的费用，必须重视对操作人员和维修人员进行输送带的运行和维修知识的培训。

1. 输送带在尾部滚筒处跑偏

（1）配重太轻要重新计算所需重量并相应调节配重或螺旋张紧装置。

（2）托辊或滚筒与输送机中心线斜歪要重新定线。为了安全进行安装限位开关。

（3）托辊不转需要加润滑油，改进维护时不要加过多润滑油。

（4）撒料是加料不当要根据输送带运行的方向及带速在输送带的中心给料。用给料机、溜槽和导料槽控制物料流动。

（5）要及时清除堆积物；安装清扫装置、刮板和倒"V"字形益板。

2. 整条输送带在全线跑偏

（1）给料偏斜：在输送带的中心按输送带的运行方向给料。

（2）加料不当、撒料：根据输送带运行的方向及带速在输送带的中心给料。用给料机、溜槽和导料槽控制物料流动。

（3）托辊或滚筒与输送机中心线斜歪：重新定线。为了安全，要安装限位开关。

（4）物料积垢：清除堆积物；安装清扫装置、刮板和倒"V"字形益板。

（5）输送带往一边扭曲，就要换一节新的输送带。

（6）托辊设置不当，要重新设置托辊。

3. 输送带的一部分在全线跑偏

（1）输送带弯曲，就要换一条新的输送带，接入后应是平直的。

（2）输送带拼接不正确或卡子使用不当，在运转前再卡紧一次。假如拼接不正确，就要除去输送带的接头，再做一个新接头。建立定期的检查制度。

（3）输送带边部磨损或破裂要修复输送带边部，除去磨损厉害的部分并拼接一块新的输送带边部。

4. 输送带在头部滚筒处跑偏

（1）托辊或滚筒与输送机中心线斜歪要重新定线，为了安全安装限位开关。

（2）滚筒的护面磨损——更换磨损的滚筒护面。在潮湿情况下使用带槽的护面。拧紧松了的或突起的螺钉。

（3）托辊设置不当，要重新设置托辊，按一定间距重新调整托辊。

（4）物料积垢，应及时清除堆物；安装清扫装置、刮板和倒"V"字形益板。

5. 输送带全长都在一些特定的托辊处跑到一边

（1）托辊或滚筒与输送机中心线偏移重调整中心线。

（2）托辊设置不当，重新设置托辊间距。

（3）物料积垢，及时清除堆积物；安装清扫装置、刮板和倒"V"字形益板。

6. 输送带打滑

（1）在输送带和接筒之间摩擦力不够，用增面滚筒增加包角，驱动滚筒加护面，在潮湿的条件下，应使用带槽的护面滚筒。

（2）配重太轻，应重新计算所需质量并相应调节配重或螺旋张紧装置。

（3）物料积垢，及时清除堆积物；安装清扫装置。

（4）托辊不转，应在托辊转动轴内加润滑油。

7. 输送带起动打滑

（1）输送带传递动力不足，应检查输送带的张力。假如系统延伸得过长，应考虑采用具有转运站的两段系统。假如带芯刚度很差，不足以支承负荷而不能正常工作时，应更换具有适当挠性的轮送带。

（2）在输送带和滚筒之间摩擦力不够，用增面滚筒增加包角，驱动滚筒加护面，如在潮湿的条件下，使用带槽的护面滚筒。

（3）配重太轻应重新调整螺旋张紧装置及配重。

8. 输送带拉伸过大

（1）张力过大应重新计算并调整张力。在一定的条件内使用硫化接头。

（2）输送带传递能力不足应检查输送带的张力。假如系统延伸得过长，应考虑采用具有转运站的两段系统。假如带芯刚度很差，不足以支承负荷而不能正常工作时，应更换具有适当挠性的轮送带。

（3）配重太重应重新调整配重，把弦紧力减少至打滑点，然后再稍许拉紧。

（4）由于磨损、酸、化学物、热、霉、油而损坏，采用为特殊条件使用的输送带。磨损性物料磨破或者磨入织物层时，用冷补或永久性修补。用金属卡子或者用阶梯式硫化接头代替。封闭输送带作业线以防雨雪或太阳，不要过量地润滑托辊。

（5）双滚筒传动速度不同应进行必要的调整。

9. 输送带在带扣处或带扣后裂口

（1）输送带拼接不正确或者卡子使用不正确，若拼接不正确，就要除去输送带的接头，再重新换接头，要定期检查。

（2）滚筒太小，采用较大直径的滚筒。

（3）张力过大，重新调整张力。

（4）物料进入输送带与滚筒之间，使用适当的导料槽，清除堆积物，改善维护工作。

10. 覆盖胶局部鼓起或起条纹、覆盖胶呈细裂纹或变脆、输送带变硬或裂纹

（1）由于磨损、酸、化学物、热、霉、油而损坏，采用为特殊条件使用的输送带。磨损性物料磨破或者磨入织物层时，用冷补或永久性修补。用金属卡子或者用阶梯式硫化接头代替。封闭输送带作业线以防雨雪或太阳，不要过量地润滑托辊。

（2）保存或装卸不当，参照制造商关于保存和装卸的说明。

（3）滚筒的护面磨损，更换磨损的滚筒护面，在潮湿情况下使用带槽的护面，拧紧松了的或突起的螺钉。

（4）滚筒太小应采用较大直径的滚筒。

11. 过度磨损，包括撕裂、凿拾、破坏和撕破

（1）在输送带上或者卡子处物料的冲击过大，用正确设计的溜槽和防护板；采用硫化接头，安装缓冲托辊；在可能的地方先加入细料，在导料槽下部夹物料的地方，调节导料技到最小间隙或装设弹性托辊以保持输送带靠紧在导料槽上。

（2）加料不当，撒料要根据输送带运行的方向及带速在输送带的中心给料。用给料机、溜槽和导料槽控制物料流动。

（3）条状缓冲衬层遗漏或不当，装上带有适当的条状缓冲衬层的输送带。

（4）相对加料速度过高或过低，调整溜槽或者改正输送带速度，并考虑使用缓冲托辊。

12. 下覆盖胶过度磨损

（1）输送带和接筒之间摩擦力不够，用增面滚筒增加包角，驱动滚筒加护面，在潮湿的条件下，使用带槽的护面滚筒。

（2）物料进入输送带与滚筒之间，应使用适当的导料槽，清除堆积物；改善维护工作。

（3）物料积垢，及时清除堆积物；安装清扫装置、刮板和倒"V"字形益板。

（4）滚筒的护面磨损，更换磨损的滚筒护面，拧紧松了的或突起的螺钉。

（5）条状缓冲衬层遗漏或不能使用时，装上带有适当的条状缓冲衬层的输送带。

（6）托辊不转动，加润滑油，在维护时不要加过量润滑油。

13. 边部过度磨损、破边

（1）给料偏斜应在输送带的中心按输送带的运行方向给料。

（2）输送带在一边扭歪应更换新的输送带。如果输送带接入不正确或不是新带，就要除去扭歪部分，并换一段新的输送带。

（3）加料不当、撒料应根据输送带运行的方向及带速在输送带的中心给料。用给料机、溜槽和导料槽控制物料流动。

（4）输送带弯曲，不能把输送带卷成塔形或储存在潮湿的地方。

14. 上部覆盖胶纵向起沟或者裂纹

（1）在输送带上或卡子处物料的冲击过大，应正确设计溜槽和防护板；采用硫化接头；安装缓冲托辊；在导料槽下部夹物料的地方，调节导料支架到最小间隙或装设弹性托辊以保持输送带靠紧在导料槽上。

（2）托辊不转动，加润滑油，再加润滑油时不要加过量。

（3）导料槽设置不当，安装导料槽时应保证它们不磨损输送带。

15. 层间剥离

（1）输送带速度太快应降低输送带的速度。

（2）输送带边部磨损或破裂，修复输送带边部，除去磨损厉害的或者不正的部分并拼接一块新的输送带边部。

（3）张力过大应重新调整张力。在一定条件下使用硫化接头。

检查时应确保在开机时没有可能擦伤、撕裂或割破输送带的建筑材料、工具或者突起的零件。溜槽、导料槽安装应保证不磨损输送带。导料槽上的橡胶边板应调整得使它们只是轻轻地触及到输送带表面。检查输送带的刮板清扫器，如果需要，要进行最后调整。输送带局部破损可以采用硫化法修补，如因硫化法修补时间太长，或者局部破损面积不大，可以在裂缝中临时打上板卡进行修补。如胶带需要更换时。可以利用"脱皮法"。这种方法是在尾部滚筒后面，用3个直径8mm的铆钉把新输送带的一端铆在旧带的上段，开动机头，利用旧的输送带将新带向上牵引，当新带已经绕行一周并通过尾部滚筒后停机，即可将新带与旧带分开（这时将旧带的空载段割断，顺次将其往边上翻）。皮带输送机在农业、工矿企业和交通运输业中用于输送各种固体块状和粉料状物料或成件物品。皮带输送机具有连续化、高效率、大倾角运输，操作安全，使用简便，维修容易，运费低廉等优点。由此可见，在工业生产运输中皮带输送机起到了降低工程造价，节省人力物力的作用。但是皮带输送机皮带打滑是工作过程中最让人头的问题之一，下面我们就来了解一下皮带输送机皮带输送机皮带打滑解决方法。

（1）解决重锤张紧皮带输送机皮带的打滑。使用重锤张紧装置的皮带输送机，在皮带输送机皮带打滑时可添加配重来解决，添加到皮带不打滑为止。但不应添加过多，以免使皮带输送机的皮带承受不必要的过大张力而降低其使用寿命。

（2）解决螺旋张紧或液压张紧皮带输送机皮带的打滑。使用螺旋张紧或液压张紧的皮带输送机，出现皮带打滑时可调整张紧行程来增大张紧力。但是，有时张紧行程已不够，致使皮带输送机皮带出现了永久性变形，这时可将皮带截去一段重新进行硫化。

（3）在使用尼龙带或 EP 时要求张紧行程较长，当行程不够时也可重新硫化或加大张紧行程来解决皮带输送机皮带打滑问题。

思考与练习

（1）皮带输送机带打滑解决方法有哪些？

（2）叙述带式输送机的操作流程。

（3）简述在输送机上检修、处理故障的正确步骤。

（4）叙述输送机司机工作质量应达到的标准。

知 识 链 接

分 析 案 例

我国矿井提升事故率一直较高，按照事故发生的性质大致可分为：断绳事故、卡罐事故、过卷蹲罐事故、溜罐跑车事故、井筒事故、断轴事故、建井提升事故、维修操作事故、电气事故等九大类。发生提升事故的原因大多与提升机司机的操作、维护不当有关。了解和分析造成事故的原因，吸取教训，从中找出预防措施，对于强化提升机司机的安全意识，提高操作技能，有着十分重要的意义。

一、副井违章提升事故

1. 案例经过

某矿 2000 年 12 月 20 日四点班 19 时 5 分，副井西罐在二水平，把钩工刘某用推车器把矿车推进罐笼，在回推车器时把按钮按错，致使推车器把矿车部分推出罐笼。二水平信号工朱某在信号房内未出来观察情况，就打点提升，一直提到一水平北边摇台，把摇台撞坏，矿车从罐上翻到一水平北边摇台上，卡坏 6 根罐道。

2. 事故原因分析

（1）二水平信号工朱某未出绞车房观察情况，就违章打点提升，是造成此次事故的直接原因。

（2）二水平南头把钩工刘某工作不负责任，违章作业，按错按钮把矿车部分顶出罐笼后，不到信号房制止提升反而上罐拉车，结果连人带车被提到一水平，二水平北头把钩工贾某发现违章提升后未及时发出停止提升信号，是造成事故的主要原因。

3. 防范措施制定

（1）认真落实把钩工责任，提罐前要认真检查罐笼南北装车情况，确认无误后方可提升。

（2）信号工要集中精力操作，严禁盲目打信号。

二、主井坠箕斗提升事故

1. 案例经过

某矿 2001 年 2 月 26 日零点班，机一队老主井当班班长祁某，老主井绞车房绞车司机梁某、黄某开车，5 时 45 分，主司机梁某开车，副司机黄某监护，当时副钩在卸载位置卸煤后下放，当箕斗下放约 4.5m 时，卓尔电脑保护动作自动抱闸停车并发出警示，停车后监护司机黄某随手拖了一下点，又到出绳孔处检查，见绳未搭到松绳保护上，没有往外看大绳情况，就又折了回来，主司机梁某在没有采取任何措施的情况下又二次加电提升，在尚未加到全速时突然听到一声巨响，看到滚筒后边冒火星，停车后检查发现副钩钢丝绳断开，箕斗坠入井筒。现场勘察发现，箕斗带 20m 左右钢丝绳坠入井底清煤仓内，地面井架下断有 10 余米钢丝绳，剩余约 250m 钢丝绳在滚筒上缠绕，绞车运行距离约 14m。箕斗坠井后，底部严重变形损坏，同时使井筒装备、井底装载设备、清煤煤仓设备等不同程度损坏。影响生产

19.5 个小班共计 156h，直接经济损失 35 万元。后经抢修，于 2001 年 3 月 4 日 21 时恢复生产。

2. 事故原因分析

（1）监护司机黄某在异物卡住箕斗、绞车松绳、卓尔电脑动作自动抱闸停车并发出警示时，没有弄清情况随手拖点，对副钩箕斗松绳又不仔细检查，误导主司机二次加电开车，是造成此次事故的直接原因。

（2）主司机梁某在异物卡住箕斗、绞车松绳、卓尔电脑动作自动抱闸停车并发出警示时，不认真检查，在情况不明时二次加电开车，是造成此次事故的主要原因。

（3）老主井绞车电工维护专责赵某日常检修工作不负责任，未能及时发现和处理绞车松绳保护装置动作不灵敏的隐患，致使松绳保护未动作，是造成此次事故的重要原因。当班班长祁某在异物卡箕斗松绳后现场处理不到位，没有采取得力措施制止司机二次加电开车，也是造成此次事故的重要原因。

（4）机一队及业务保安部门领导对职工安全教育不够，安全管理不到位，规章执行不严。

3. 防范措施制定

（1）完善大型机电运输提升运输设备各种安全保护装置，确保灵敏可靠，对老主井松绳保护由一道改为两道，一道为压接式，一道为接触式。

（2）加强检修，提高检修质量，落实班组长和检修人员责任，挂牌管理。

（3）抓好职工安全技术培训，使广大职工熟悉岗位操作技能，增强安全意识，养成按章操作的良好习惯。

三、副井过卷事故

1. 案例经过

某矿 2002 年 9 月 22 日八点班 12 时 30 分，副井井口信号工打点提升，当时西罐在上井口，副井绞车司机赵某误认为是上车，即加电提升，等反应过后立即采取制动措施，此时井架过卷保护开关动作安全制动，但已造成过卷 350mm 的事故。

2. 事故原因分析

（1）当班主司机赵某开车时注意力不集中，造成误加电提升，是造成事故的直接原因。

（2）监护司机李某班中脱岗，没有履行监护职责。

3. 防范措施制定

（1）严格执行"一人开车，一人监护"制度，按章操作。

（2）加强劳动纪律，严禁空岗、脱岗现象。

四、副井提升未遂事故

1. 案例经过

2003 年 9 月 17 日上午 8 时 30 分，某矿副井西罐笼在上井口上多人后，机二队把钩工刘某关上安全门，没有吹哨。机二队上井口信号工张某见安全门已关闭，就打点下车。此时，又有工人准备上罐，机二队把钩工刘某就再次打开安全门让乘罐人员上罐。乘罐人员正在上罐时，罐笼启动，信号工及时打点停车，但罐笼已下落 700mm，险些酿成伤亡事故。

2. 事故原因分析

（1）机二队信号工张某工作不负责任，未听到把钩工吹哨就违章发出开车信号，严重违章操作。

（2）机一队上井口安全门闭锁装置不完善，在发出开车信号后，安全门仍能打开，给事故埋下了隐患。

3. 防范措施制定

（1）严格落实井口信号工、把钩工等特殊工种人员的责任，按章操作。

（2）加强对主、副井重大提升运输系统各类安全保护的检修检查，做好每班交接班前的试验和检查。

五、副井提升过卷事故

1. 案例经过

2003年12月8日零点班，机电一队副井绞车房绞车司机李某、赵某开车，约0时50分，主司机李某开车，赵某监护，当时，副井主罐在二水平上人后，下井口打点，上井口副罐没有人，信号工李某打了上车点，主司机李某开车上提运行，当主罐运行到上井口约7m时，主司机李某看到绞车滚筒上停车记号时即施闸停车（误把下车停车记号看成是上车停车记号），罐笼停住后工作闸并未带到位，此时等待信号工打停点，约半分钟后，井口北侧把钩工刘某向绞车房问："为啥不动车，罐还未到位"，主司机李某接到电话后误认为是开始提下一罐，在未发现罐笼停车位置异常的情况下，就加电敞闸接上一车点提升，随即发生过卷事故。过卷高度2.2m，过卷后罐笼将缓冲梁卷入罐内，影响正常提升1个多小时。

2. 事故原因分析

（1）副井绞车司机李某在工作精力不集中，停车后未及时发现停车异常，且工作闸在停车后未带到位，为二次加电提供了条件，接电话后未明白事实就加电提升，是造成事故的直接原因。

（2）副井监护司机赵某未履行监护职责，在第一次停车时未能及时发现异常，提醒主司机，在第二次动车时未能及时制止，是造成事故的主要原因。

（3）机电一队对副井提升安全管理不到位，职工安全第一思想树立不牢固。

3. 防范措施制定

（1）举一反三，对所有大型机电运输提升设备进行全面检查，重点检查各类安全保护，确保灵敏可靠。

（2）加强职工安全教育，提高绞车司机的安全意识，工作时间必须集中精力，精心操作。

（3）全面开展安全技术培训和岗位练兵，提高操作技能。

（4）加强对特殊部位上岗检查力度，整顿劳动纪律。

六、开车不查绳断绳出事故

1. 事故经过

2004年元月25日夜班，某区在某巷道施工，当班工作人员殷某在该巷道第二部车场开绞车松料时，由于该同志事先没检查好绞车绳开车，导致绞车绳因老化而断绳跑车，险些酿成事故。

2. 事故原因分析

（1）当班绞车司机殷某安全意识不强，在开绞车前没有对绞车绳进行检查，是造成此次事件的主要原因。

（2）当班跟班电工没有对绞车完好率进行检查，导致绞车绳老化不能主动换绳。

（3）当班跟班区长职能作用发挥不好，没有监督好现场流程控制，造成安全管理出现漏洞。

3. 防范措施

（1）抓好对职工的安全教育，不断提高职工的安全意识。

（2）加强对运输设备的管理，有跟班电工负责。每日对运输设备进行一次检查，严禁绞车带隐患作业和绞车绳老化现象。

（3）加强对绞车司机的学习培训，严格执行好小绞车"六不开"制度。

（4）加强对岗位工的流程描述，上岗时排查好现场的安全隐患，做到隐患不整改不施工。

七、带式输送机维修工事故案例

1. 事故经过

1984 年 7 月 18 日，某煤矿某采煤工作面夜班检修班，在接班试运转后正常组织检修，皮带维修工张某负责对皮带进行维修工作。由于试运转过程中发现皮带尾的导向滚筒损坏，随向当班工长要求增加人员，更换滚筒。当班工长安排刘某、王某协同张某更换滚筒。在更换完滚筒后，张某、王某前往机头，准备试运转。在皮带正常运行过程中，刘某为图省事，怕累，跳上了运行中的皮带，在即将到皮带头时，由于张某、王某在操作室内，未能及时发现刘某发出的信号，致使未能及时停机，刘某在别无选择的情况下，从运行中的皮带跳下，由于惯性的作用，刘某落地并摔倒，头部摔在不倒翁上，造成头部严重受伤，经抢救无效死亡。

2. 事故原因分析

（1）刘某存在怕累，图省事思想，违章乘坐运行的皮带是造成此次事故的直接原因。

（2）刘某乘坐皮带，违章作业是本次事故的重要原因。张某、刘某、王某自保、互保意识不强。

（3）当班工长工作安排未经特殊工种培训的刘某参加皮带维修工作，工作安排不当是本起事故的重要原因。

3. 防范措施

（1）组织职工重新学习"三大规程"及安全技术措施，并结合此次事故教训，举一反三，深刻反思，开展好警示教育。

（2）深刻接受这次事故教训，迅速开展"反事故、反三违、反四乎三惯、反麻痹、反松懈、反低境界管理、反低标准作业"活动，加大现场安全管理力度，强化现场精品工程意识。切实消除不安全的隐患。真正做到不安全不生产。

（3）加强对皮带运行的监管，坚决杜绝人员乘坐皮带现象的发生。

（4）现场管理人员必须掌握当班特殊工种的持证情况，在安排工作的时候做到合理分配。

八、违章调皮带致伤事故

1. 事故经过

2005 年 6 月 21 号中班 16 时 15 分，主厂房 3301 皮带机尾，岗位司机刘某在工作中发现皮带跑偏、机尾滚筒上有积煤，在皮带运转的情况下用铁锨去清理机尾滚筒上的积煤，不慎被带将铁锨带入，手没有及时脱离（手当时戴着手套），将右臂拧断。

2. 事故原因分析

（1）此次事故是一起因违章作业造成的责任事故。

（2）刘某违反操作规程，皮带运转时用铁锨刮滚筒积煤，没有执行好清理皮带停电制度，是事故的主要原因。

（3）刘某自主保护意识差，安全警觉性不强。

3. 防范措施

（1）深刻接受事故教训，认真开展"反三违、反事故"活动，强化安全宣传教育，提高职工的自主保安意识。

（2）认真学习《选煤厂安全规程》，加强岗位技术培训，提高职工的技术水平和自我保护的能力。

（3）认真吸取事故教训，举一反三，加大现场巡回检查力度，细化现场安全管理。

九、不是司机乱开车带绳跑车惹大祸

1. 事故经过

2006年3月27日夜班。在井下某斜巷运输时，张某、刘某、卜某三人在上车场，张某是25kW绞车司机，付某、李某在下车场负责下扒钩。投入工作后，绞车司机张某先开车提升三钩，这时，因有车皮掉道，张某、刘某、卜某三人便在一起去抬车皮复道，上道之后，卜某去开车，将一个空车从下车场提到上车场，停稳后，张某、刘某又挂了两个车皮。这时下扒钩发出了要车信号，张某与刘某打开挡车器向下推车，由于卜某不是绞车司机，操作失误，造成了带绳跑车，把下扒勾的付某背部撞伤。

2. 事故原因

（1）卜某不是司机，违章开绞车。

（2）绞车司机张某擅离职守，未制止开车人员。

（3）职工安全意识淡薄，教育不力。

3. 防范措施

（1）加强现场管理，严格执行好小绞车岗位责任制，杜绝脱岗、串岗现象。

（2）加强职工安全教育，提高工作责任心，及时制止各类违章行为。

（3）加强职工意识教育，不断提高个人思想境界，严把工作流程关口。

十、转载机伤人事故案例

1. 事故经过

2000年4月15日夜班，张某开转载机，大约24时15分发现转载机机头与皮带机尾处浮煤较多，在皮带机与转载机均在运行的情况下，张某使用铁铲清理机尾浮煤。由于着装不整，24时55分清理过程中铲子被皮带卷入机尾，同时，铲把缠住了张某的上衣，将张某一同带入机尾滚筒，张某身体被挤压变形，当场死亡。

2. 事故原因

（1）张某违章作业，皮带机运行时清理机尾浮煤，且着装不整，精力不集中，操作不当是造成事故的直接原因。

（2）职工安全第一的思想树立不牢固，安全教育不够深入扎实，作业规程的贯彻学习效果不明显，职工没有做到应知、应会，安全意识比较淡薄，安全技术素质较低，自主和相互保安意识较差。

3. 防范措施

（1）立即组织职工学习"三大规程"及安全技术措施，并结合此次事故教训，举一反三，深刻反思，开展好警示教育。

　　（2）进一步明确和落实各级安全生产责任制，强化关键工序和重点隐患的双重预警，并加强特殊作业人员的安全管理。

　　（3）全面排查工作面设备，各外露的运转部位必须安设有效的防护装置；设备运转期间严禁人员违背规程及措施要求，将身体及工具直接接触运转部位。

十一、白水煤矿"12·3"运输事故

1. 事故经过

　　2006年12月3日12时40分，运输队在＋450运输大巷2.19km处发生一起运输事故，伤亡一人。2006年12月3日，早班运输队安排：吴某负责与其余三人在＋450运输大巷抹标准化里程碑。当抹到2.1km处牌子时，孟某擅自脱离工作岗位，向里边走去，经其余三人劝阻，均无效果，孟某私自到2.19km附近。罗某与杜某驾驶6＃机车在一九采区口处理架线卡子后沿重车道向外行驶，在2.3km处与沿轻车道向里行驶的10＃机车相遇，两车按规定鸣铃、减速会车。大约12时40分，6＃机车头行至2.2km附近时，发现前方人行道上有人向井底方向行走，开始鸣铃、减速。当机车距行人不足1m处时，孟某突然由人行道拐上轨道中心，当即被机车碰倒，经抢救无效死亡。

2. 事故原因分析

　　（1）孟某工作纪律性差，安全意识淡薄，自保意识不强。

　　（2）吴某三人与孟某在一个工作小组，制止"三违"不力，对孟某擅自离岗未能有效制止。

　　（3）工作小组内部互保意识不强。

　　（4）电机车司机，遇险应变能力不强。

　　（5）区队对职工教育不够，对大巷施工过程中的危险性预知不足，管理上存在漏洞。

3. 事故点评

　　这次事故的直接受害人孟某本人组织纪律性差，临近退休，工作资历老，擅自脱离大巷临时工程警戒线外，服从意识差，自由主义严重；同时，职工普遍认为大巷比较安全，对大巷工作安全警惕性不高；再次，小组负责人属于区队临时指定的，没有强制阻止孟某离开现场，没有尽到负责人的义务；而孟某在横跨轨道时对车距和车速确认不准，从而导致事故的发生。通过这些可以看出，在井下工作中，不能存在任何侥幸心理，措施要尽可能严密、周到，职工要最大限度地明确其相应的权力、义务和责任，激励工程负责人尽职尽责带领其他人员安全完成临时性工程；再次，区队要加强安全教育培训，让职工对大巷管理的相关规定有一个充分的认识，在执行矿"严禁大巷行人"方面，不能有任何偏差和优越权；加强临时性工程中的安全确认管理；在大巷停车检修或施工过程中，应根据机车的行车速度和制动距离，在距离停车检修或施工地点前后一定范围内设置警示标志，防止大巷运输事故的重复发生。

习题库

一、知识目标考核部分

（一）填空题

　　1. 对于钢丝绳在滚筒上的缠绕层数，《煤矿安全规程》规定：立井中升降人员或升降人员、材料的，只准缠绕＿＿＿＿＿＿层，专门升降物料的，准许缠绕＿＿＿＿＿＿层；斜井中升降人员的准许缠绕＿＿＿＿＿＿层，升降物料的准许缠绕＿＿＿＿＿＿层。

　　2. 提升设备按用途分为主井提升设备和副井提升设备。主井提升设备主要用于提升

_____；副井提升设备主要用于提升_____。

3. 钢丝绳捻向标记代号中，第一个字母表示_____的捻向，第二个字母表示_____的捻向。

4. 新绳悬挂前必须对每根钢丝绳做_____、_____、_____三种试验。

5. 深度指示器是矿井提升机不可缺少的一种起到_____和_____作用的设施。

6. 盘形制动器是靠_____产生制动力，靠_____松闸。

7. 最常用的围包角有_____和_____。

8. 橡胶缓冲垫的作用是_____齿轮向右移动时起作用。

9. 减速器的作用是_____和_____。

10. 试样长度：单丝实验时应不小于_____，整绳拉力实验时应不小于_____。

11. 钢丝绳按捻法分为_____、_____、_____、_____四种。

12. 提升机的碟式制动器是依靠_____产生制动力，靠_____产生松闸力。

13. 提升机是矿井生产的最主要设备，用于_____和_____。

14. 矿井立井多采用_____箕斗和_____罐笼。

15. 刚性罐道有_____、_____和_____三种。

16. 箕斗是提升_____和_____的提升容器。

17. 提升钢丝绳的作用是_____。

18. 目前国产提升机绳槽均为_____，因此，提升钢丝绳应选用_____。

19. 斜井串车提升时，宜采用_____。

20. 验绳时应以_____的速度运行钢丝绳。

21. 矿井提升设备是用于煤矿提升和下放人员，提升_____、_____、_____及运输材料和设备等。

22. 矿井提升设备主要由_____、_____、_____、天轮、井架、装卸载设备及电气设备等组成。

23. 主井提升设备主要用于提升_____和_____。

24. _____主要用于提升矸石，升降人员、设备，下放物料等。

25. 矿井提升设备按提升容器分，可分为_____和_____。

26. 矿井提升设备按滚筒的数量分，可分为_____和_____。

27. _____可以降低提升机的最大静张力差，相应地降低电动机的最大拖动力。

28. 联轴器的作用：主要是用来连接提升机的_____，并起_____作用。

29. 目前我国广泛使用的提升机可分为两大类：_____和_____。

30. 单绳缠绕式提升机按滚筒的数目不同，分为_____和_____两种。

31. 矿井提升机所配用的减速器，按结构形式可分为_____和_____两种。

32. 深度指示器是矿井提升机不可缺少的一种起到_____作用的设施。

33. 目前矿井使用的深度指示器有_____、_____和_____三种。

34. 制动系统是提升机的重要组成部分，它由_____和_____组成。

35. 液压站的作用是在工作制动时，产生不同的_____，以_____控制盘式制动器获得不同的制动力。

36. 摩擦式提升设备根据布置方式的不同，可分为_____和_____两种。

37. JKM 型多绳摩擦提升机由_____、_____、_____、_____、深度指示器、操纵装置、车槽装置及其它辅助设备组成。

38. 主轴装置是由_____、_____、_____和_____组成。

39. 摩擦衬垫最主要的是提高摩擦系数将会提高提升设备的_____和_____。

40. 当_____时，围包角增大了，可以改变两提升钢丝绳中心距。

41. 摩擦系数与_____、_____等因素有关。

42. 钢丝绳的安全系数等于_____。

43. 专为提人的钢丝绳安全系数不小于_____，当钢丝绳的安全系数小于_____时必须更换。

44. 专为提物时钢丝绳安全系数不小于_____，当小于_____时必须更换等。

45. 缓冲机构：用于调节防坠器的_____，吸收下坠罐笼的_____，限制制动减速度。

46. 标准罐笼按固定车厢式矿车载重量确定为_____、_____和_____三种形式。

47. 我国单绳箕斗系列有_____、_____、_____、_____四种规格。

48. 对罐笼使用进出口必须装设罐门或罐帘，高度不得小于_____。

49. 罐笼内每人占有的有效面积不小于_____。

50. 提升速度小于3m/s的罐笼，过卷高度不得小于_____；超过3m/s的罐笼过卷高度不小于_____。

51. 木罐道防坠器的卡爪与罐道之间的间隙应该大于_____与_____的间隙。

52. 制动钢丝绳必须定期用润滑油润滑，防止_____和_____。

53. 当制动钢丝绳在一个捻距内断丝面积为钢丝总面积的_____时，或者制动钢丝绳的直径减小量达到_____时，必须更换。

54. 组合钢罐道任一侧的磨损量不能超过原有厚度的_____。

55. 钢丝绳罐道与滑套的总间隙不能超过_____。

56. 制动手把的作用是操纵制动系统进行抱闸和松闸，向前推为_____，向后拉为_____。

57. 电动机操纵手把（通常称为主令控制手把），作用是控制主电动机的_____、_____和_____。

58. 提升机的操纵分为_____、_____、_____三种形式。

59. 用人工验绳的速度不大于_____。

60. _____调绳期间，严禁作为提升机进行单钩提升。

61. 盘式制动闸的闸瓦与制动盘之间的间隙应不大于_____。

62. 钢丝绳与摩擦轮间摩擦系数的取值不得大于_____。

63. 盘闸制动系统包括_____和_____两部分。

64. 盘闸制动器的制动力矩是靠_____沿轴向从两侧压向_____产生的。

65. 制动状态时，闸瓦压向制动盘的正压力大小，决定于油缸内工作油的_____。

66. 液压站的作用是为盘闸制动器提供_____，控制油路以实现制动器的各项制动功能。

67. 液压站制动油压最大不得超过_____，其工作油压应根据实际提升载荷来确定最大工作油压。

68. 在松闸时，闸瓦与制动轮之间隙，在闸瓦中心处不大于_____，两侧闸瓦间隙不大于_____。

69. 当抱闸后，_____的动作应灵活，迅速可靠。

70. 提升机各部件常用的润滑剂可分为_____和_____。

71. 液体受外力而移动时，其分子之间发生的摩擦阻力称为_____。

72. 在选择或掺配润滑油时，_____是最重要的质量指标之一。

73. 润滑油的质量指标除了_____、_____和_____等质量指标外，还有酸值、水分、水溶性酸碱。

74. 提升机运转前，必须先开_____，否则不得开车。

75. 润滑"五定"是指对设备润滑要做到_____、_____、_____、_____、_____。

76. 定人：明确_____、_____、_____对日常润滑工作的分工。

77. 实行"三级过滤"制度，即_____、_____、_____。

78. 润滑油对齿轮传动主要担负着_____和_____的作用，同时也有缓冲振动、防止锈蚀、排除异物的作用。

79. 橡胶缓冲垫的作用是齿轮向右移动时起_____作用。

80. JKM型多绳摩擦提升机的主轴装置是由_____、_____、_____和锁紧装置组成。

81. 摩擦衬垫是用_____和_____通过螺栓固定在筒壳上，不允许在任何方向有活动。

82. 滑动轴承顶间隙的测量方法，常用_____、_____方法测量。

83. _____是指在规定条件下，该油加热到它的蒸气与周围空气形成的混合物，接触火焰时发出闪火的最低温度。

84. _____是在该温度下，液面凝结不流动的最高温度。

85. 润滑油对火的危险等级是根据_____来划分的。

86. 润滑油凝结意味着失去_____作用。

87. JK型双滚筒提升机主轴装置结构是提升机工作和承载部分，包括_____、_____、_____以及调绳离合器等。

88. 调绳离合器主要有三种类型：齿轮离合器、_____和_____。应用最多的是齿轮离合器。

（二）判断正误题

1. 斜井串车提升应选用同向捻钢丝绳。（　　）

2. 多绳摩擦提升用的钢丝绳捻向都相同。（　　）

3. 单绳缠绕提升机使用的钢丝绳一般为右同向捻。（　　）

4. 矿井提升机一般用 6×19 钢丝绳。（　　）

5. 起重作业中常选用交互捻钢丝绳。（　　）

6. 6×37 钢丝绳比 6×19 钢丝绳柔软。（　　）

7. 单绳缠绕式提升机，涉及升降人员所用的钢丝绳安全系数至少等于8。（　　）

8. 井筒开凿期间，悬挂水管、压气管、输料管、安全梯和电缆的钢丝绳，过了使用期限即使经鉴定可用也必须更换。（　　）

9. 钢丝的表面可以镀锌，称为镀锌钢丝，未镀锌的称为光面钢丝。（　　）

10. 钢丝绳的韧性标志分为Ⅰ号和Ⅱ号Ⅲ号三种。（　　）

11. 提升矿物用的钢丝绳可使用特号或Ⅰ号韧性的钢丝。（　　）

12. 提升人员用的钢丝绳必须使用特号韧性的钢丝。（　　）

13. 斜井提升物料用的钢丝绳必须使用Ⅰ号特号韧性的钢丝。（　　）

14. 同一钢丝绳的各股中，相同直径钢丝的公称拉伸强度不相同。（　　）

15. 同一钢丝绳的各股中，不同直径的钢丝允许采用相邻的公称拉伸强度，但韧性号都应相同。（　　）

16. 钢丝绳按捻法分为右交互捻（ZS）、左交互捻（SZ）、右同向捻（ZZ）、左同向捻（SS）四种。（　　）

17. 钢丝绳按捻法分为右交互捻（ZS）、左交互捻（SZ）两种。（　　）

18. 钢丝绳按捻法分为右同向捻（ZZ）、左同向捻（SS）两种。（　　）

19. 钢丝绳捻向标记中，第一个字母表示钢丝绳捻向；第二个字母表示股捻向。（　　）

20. 钢丝绳捻向标记中，无论是绳中股还是股中丝，"Z"都是表示右捻向，"S"都是表示左捻向。（　　）

21. 绳芯可支持绳股，减少股间钢丝的接触应力，从而减少钢丝的挤压和变形。（　　）

22. 钢丝绳绳芯可缓和绳的弯曲应力，并起弹性垫层作用，使钢丝绳富有弹性。（　　）

23. 钢丝绳绳芯可以储存润滑油，防止绳内钢丝锈蚀，并减少钢丝间的摩擦。（　　）

24. 钢丝绳绳芯可以增加绳的拉伸强度。（　　）

25. 按提升机类型分，可分为缠绕式提升设备和摩擦式提升设备。（　　）

26. 按井筒倾角分，可分为立井提升设备和斜井提升设备。（　　）

27. 当 $\alpha = 180°$ 时，围包角增大了，可以改变两提升钢丝绳中心距。（　　）

28. 矿井提升设备被人们称为矿山"咽喉设备"。（　　）

29. 深度指示器的分辨率为 0.01m，最大指示高度为 ±999.99m。（　　）

30. 摩擦式提升设备根据布置方式的不同，可分为井塔式和立体式两种。（　　）

31. 钢丝绳的安全系数专为提人小于 9，大于 7 时必须更换。（　　）

32. 钢丝绳的安全系数专为提物时不小于 6.5，小于 5 时必须更换。（　　）

33. 单丝试验时应不小于 1.5m，整绳拉力试验时应小于 2m。（　　）

34. 如果出现不合格钢丝的断面积与钢丝绳总断面积之比达到 25% 时，该钢丝绳必须更换。（　　）

35. 验绳时应以 0.5m/s 的速度进行。（　　）

36. 一般情况下，直径小于 20mm 或质量大于 700kg 的钢丝绳，用木轮或金属轮包装。（　　）

37. 试车：先以慢速提升 1 次，无问题后，方可全速提升 2～3 次，仍无问题，则再重罐试验 8～10 次，以备新绳伸长后调绳。（　　）

38. 我国单绳箕斗系列有 3t、4t、6t、9t 四种规格。（　　）

39. 罐笼的进出口必须装设罐门或罐帘，高度可以小于 1.2m。（　　）

40. 单层罐笼和多层罐笼的最上层净高（带弹簧的主拉杆除外）不得小于 1.9m，其它

各层净高不得小于 1.8m。（　　）

41. 罐笼内每人占有的有效面积小于 0.18m。（　　）

42. 防坠器动作的空行程时间，即从提升钢丝绳断裂使罐笼自由坠落动作后开始产生制动阻力的时间，一般不超过 0.25s。（　　）

43. 按提升机类型可分为交流提升设备和直流提升设备。（　　）

44. 主拖动电动机可采用交流绕线型感应电动机或交流他励电动机。（　　）

45. 刚性罐道有钢轨罐道、木罐道及塑料罐道三种。（　　）

46. 箕斗是有益矿物和矸石的提升容器。（　　）

47. 提升速度小于 3m/s 的罐笼，过卷高度小于 4m；超过 3m/s 的罐笼过卷高度小于 6m。（　　）

48. 箕斗提升过卷高度不小于 4m。（　　）

49. 钢丝绳罐道与滑套的总间隙超过 25mm 必须更换。（　　）

50. 制动手把的作用是操纵制动系统进行抱闸和松闸，向后推为松闸，向前拉为抱闸。（　　）

51. 电动机操纵手把是控制主电动机的启动、停止和正反转。（　　）

52. 提升机的操纵分为手动、半手动、全自动三种形式。（　　）

53. 空负荷和满负荷运转各不少于 6 次。（　　）

54. 调绳过程中不允许提升人员或重物。（　　）

55. 盘闸制动器的制动力矩是靠闸瓦沿轴向从两侧压向制动盘产生的。（　　）

56. 盘闸制动器是靠碟形弹簧产生制动力，靠油压松闸。（　　）

57. 盘闸闸瓦与制动盘间的间隙不得大于 3mm。（　　）

58. 液压站的作用是为盘闸制动器提供压力油源，控制油路以实现制动器的各项制动功能。（　　）

59. 在连续下放重物时，必须严格注意闸瓦的温升，其最高温升可以超过 100℃。（　　）

60. 液压站制动油的残压不得超过 $0.5MPa/cm^2$。（　　）

61. 压缩空气驱动闸瓦式制动闸不得超过 0.5s，储能液压驱动闸瓦式制动闸不得超过 0.6s，盘式制动闸不得超过 0.3s。（　　）

62. 在松闸时，闸瓦与制动轮之间隙，在闸瓦中心处不小于 2.5mm，两侧闸瓦间隙不大于 0.5mm。（　　）

63. 在紧闸时，各传动杠杆应灵活，闸瓦应迅速地离开制动轮形成规定的间隙。（　　）

64. 当工作气缸的活塞行程太大，超过 80mm 时，必须利用拉紧螺帽拉紧垂直拉杆，直至活塞行程正常为止。（　　）

65. 提升机各部件常用的润滑剂可分为润滑油和润滑脂。（　　）

66. 润滑油对火的危险等级是根据凝点来划分的。（　　）

67. 润滑系统运转温升在 45℃ 以上时，黏度指数需在 60 以上。（　　）

68. 喷油润滑的减速器，运转温度超过 80℃ 时，应有冷却器装置，供油量可按每 100mm 齿宽供油 6.3L/min。（　　）

69. 橡胶缓冲垫的作用是齿轮向右移动时起缓冲作用。（　　）

70. JKM 型多绳摩擦提升机的主轴装置主导轮是用 12Mn 钢板焊接而成。（　　）

（三）选择题

1. 提升机各部经调整合适后，即可进行空负荷试运转，为（　　　）4h。

A. 连续正转　　　　　　　　　　　B. 断续正反转各

C. 连续全速正转、反转各　　　　　D. 断续全速运转正、反转

2. 矿井提升机主轴轴承通常采用（　　　）润滑。

A. 油绳　　　　　B. 强制给油　　　　C. 油环　　　　D. 油池润滑

3. JK 提升机空负荷运转时，盘形闸与闸盘的接触面积必须大于（　　　）。

A. 10%　　　　　B. 30%　　　　　C. 60%　　　　D. 90%

4. JK 提升机空负荷试运转时，盘形闸紧急制动空行程时间（　　　）0.5s。

A. 为　　　　　B. 不超过　　　　C. 大于　　　　D. 必须大于

5. JK 提升机空负荷试运转时，松闸时间一般不超过（　　　）s。

A. 1　　　　　B. 2　　　　　C. 3　　　　　D. 5

6. 试验调绳离合器，首先轮齿要润滑良好，然后用 1MPa 的油压至少试验（　　　）次，应能顺利地脱开和合上。

A. 1　　　　　B. 3　　　　　C. 5　　　　　D. 7

7. 调绳离合器用 1MPa 的油压试验之后，再用 2MPa 试验（　　　）次，均能顺利脱开、合上。

A. 3　　　　　B. 5　　　　　C. 7　　　　　D. 9

8. 调绳离合器用 1MPa、2MPa 的油压试验之后，再用 3MPa 试验（　　　）次，均能顺利脱开、合上。

A. 1　　　　　B. 3　　　　　C. 5　　　　　D. 7

9. 调绳离合器用 1MPa、2MPa、3MPa 的油压试验之后，再用 4MPa 试验（　　　）次，均能顺利脱开、合上。脱开和合上时间应在 10s 内完成，行程为 60mm。

A. 3　　　　　B. 5　　　　　C. 7　　　　　D. 9

10. 下面（　　　）钢丝绳可以用于矿井提升机。

A. 6×19 右同向捻　　　　　　　　B. 6×37 右同向捻

C. 6×37 左同向捻　　　　　　　　D. 6×19 左同向捻

11. 新钢丝绳悬挂前，必须对每根绳做（　　　）试验。

A. 拉断　　　　　　　　　　　　　B. 弯曲

C. 扭转　　　　　　　　　　　　　D. 拉断、弯曲、扭转三种

12. 单绳缠绕式提升机，升降人员所用的钢丝绳安全系数为（　　　）。

A. 6.5　　　　　B. 7.5　　　　　C. 8　　　　　D. 9

13. 单绳缠绕式提升机，人员、物料混合提升所用的钢丝绳安全系数为（　　　）。

A. 6.5　　　　　B. 7.5　　　　　C. 8　　　　　D. 9

14. 单绳缠绕式提升机，专为升降物料所用的钢丝绳安全系数为（　　　）。

A. 6.5　　　　　B. 7.5　　　　　C. 8　　　　　D. 9

15. 摩擦轮式提升机钢丝绳的使用期限应不超过（　　　）年。

A. 半　　　　　B. 1　　　　　C. 2　　　　　D. 3

16. 井筒开凿期间，悬挂水泵、抓岩机的钢丝绳，使用期限为（　　　）年。

A. 半　　　　　B. 1　　　　　C. 2　　　　　D. 3

17. 井筒开凿期间，悬挂水管、压气管、输料管、安全梯和电缆的钢丝绳，使用期限一般为（　　）年。

A. 半　　　　　　　B. 1　　　　　　　C. 2　　　　　　　D. 3

18. 立井中升降人员和物料的滚筒上，缠绕钢丝绳的层数（　　）层。

A. 不得超过 1　　　B. 不得超过 2　　　C. 不得超过 3　　　D. 不限

19. 立井中专为升降物料的滚筒上，缠绕钢丝绳的层数（　　）层。

A. 不得超过 1　　　B. 不得超过 2　　　C. 不得超过 3　　　D. 不限

20. 倾斜井巷中升降人员和物料的滚筒上，缠绕钢丝绳的层数（　　）层。

A. 不得超过 1　　　B. 不得超过 2　　　C. 不得超过 3　　　D. 不限

21. 倾斜井巷中专为升降物料的滚筒上，缠绕钢丝绳的层数（　　）层。

A. 不得超过 1　　　B. 不得超过 2　　　C. 不得超过 3　　　D. 不限

22. 建井期间升降人员和物料的滚筒上，缠绕钢丝绳的层数（　　）层。

A. 不得超过 1　　　B. 不得超过 2　　　C. 不得超过 3　　　D. 不限

23. 钢丝绳的韧性标志分为（　　）三种。

A. 1、2、3 号　　　　　　　　　　B. 普通、轻型、重型

C. 镀锌、光面、镀铬　　　　　　　D. 特号Ⅰ号、Ⅱ号、Ⅲ号

24. 下面（　　）表示钢丝绳为右交互捻。

A. ZS　　　　　　　B. SZ　　　　　　　C. ZZ　　　　　　　D. SS

25. 下面（　　）表示钢丝绳为左交互捻。

A. ZS　　　　　　　B. SZ　　　　　　　C. ZZ　　　　　　　D. SS

26. 下面（　　）表示钢丝绳为右同向捻。

A. ZS　　　　　　　B. SZ　　　　　　　C. ZZ　　　　　　　D. SS

27. 下面（　　）表示钢丝绳为左同向捻。

A. ZS　　　　　　　B. SZ　　　　　　　C. ZZ　　　　　　　D. SS

28. 钢丝绳表面状态标记代号为（　　）时，表示为光面钢丝。

A. NAT　　　　　　B. ZAA　　　　　　C. ZAB　　　　　　D. ZBB

29. 钢丝绳表面状态标记代号为（　　）时，表示为 A 级镀锌钢丝。

A. NAT　　　　　　B. ZAA　　　　　　C. ZAB　　　　　　D. ZBB

30. 钢丝绳表面状态标记代号为（　　）时，表示为 AB 级镀锌钢丝。

A. NAT　　　　　　B. ZAA　　　　　　C. ZAB　　　　　　D. ZBB

31. 表面状态标记代号为（　　）时，表示为 B 级镀锌钢丝。

A. NAT　　　　　　B. ZAA　　　　　　C. ZAB　　　　　　D. ZBB

32. 下列钢丝绳芯的标记代号中，（　　）表示绳芯为天然或合成的纤维芯。

A. FC　　　　　　　B. NF　　　　　　　C. SF　　　　　　　D. IWR 和 IWS

33. 下列钢丝绳绳芯的标记代号中，（　　）表示绳芯为天然纤维芯。

A. FC　　　　　　　B. NF　　　　　　　C. SF　　　　　　　D. IWR 和 IWS

34. 下列钢丝绳绳芯的标记代号中，（　　）表示绳芯为合成纤维芯。

A. FC　　　　　　　B. NF　　　　　　　C. SF　　　　　　　D. IWR 和 IWS

35. 下列钢丝绳绳芯的标记代号中，（　　）表示绳芯为金属丝绳股芯或金属丝股芯。

A. FC　　　　　　　B. NF　　　　　　　C. SF　　　　　　　D. IWR 或 IWS

36. 提升钢丝绳必须（　　）检查一次。
   A. 每班　　　　　B. 每天　　　　　C. 两天　　　　　D. 三天

37. 平衡钢丝绳和井筒悬吊钢丝绳至少（　　）检查一次。
   A. 每天　　　　　B. 三天　　　　　C. 每周　　　　　D. 三周

38. 提升钢丝绳或制动钢丝绳直径减小（　　）时必须更换。
   A. 5%　　　　　B. 8%　　　　　C. 10%　　　　　D. 15%

39. 罐道钢丝绳直径减小（　　）时必须更换。
   A. 5%　　　　　B. 8%　　　　　C. 10%　　　　　D. 15%

40. 钢丝绳遭受猛烈拉力的一段，其长度伸长（　　）以上时，应将受力段剁掉或更换全绳。
   A. 5%　　　　　B. 8%　　　　　C. 10%　　　　　D. 0.5%

41. 下列（　　）需要尾绳。
   A. 单绳缠绕式提升机　　　　　　　　B. 多绳摩擦式提升机
   C. 井下轨道运输绞车　　　　　　　　D. 调度绞车

42. 对摩擦式提升机使用的钢丝绳，应定期涂（　　）。
   A. 防冻液　　　B. 戈培油和增摩脂　C. 润滑脂　　　D. 润滑油

43. 无论多绳摩擦式或单绳缠绕提升机的钢丝绳，绳芯里注油必须注（　　）。
   A. 润滑油　　　B. 戈培油和增摩脂　C. 润滑脂　　　D. 麻芯脂

44. 提升机在减速阶段及下放重物时，制动系统参与绞车控制的制动为（　　）。
   A. 工作制动　　　B. 紧急停车　　　C. 安全制动　　　D. 停车

45. 提升机发生紧急事故时，制动系统能迅速而合乎要求地闸住提升机的制动为（　　）。
   A. 工作制动　　　B. 紧急停车　　　C. 安全制动　　　D. 停车

46. 《煤矿安全规程》对提升机制动有规定：必须设置司机不离开座位即能操纵的
（　　）。
   A. 常用闸和保险闸　　　　　　　　B. 操作手把
   C. 灯开关　　　　　　　　　　　　D. 换向阀

47. 《煤矿安全规程》对提升机制动有规定：保险闸必须在紧急情况下（　　）。
   A. 能操作　　　　　　　　　　　　B. 摸得着
   C. 能自动发生制动作用　　　　　　D. 发出信号

48. 《煤矿安全规程》对提升机制动有规定：常用闸和保险闸共同使用一套闸瓦制动时，
操纵和控制机构（　　）。
   A. 必须分开　　　B. 应合二为一　　　C. 必须随时可用　　　D. 必须装手把

49. 《煤矿安全规程》对提升机制动有规定：双滚筒提升机的两套闸瓦的传动装置
（　　）。
   A. 必须分开　　　B. 应能同时动作　　　C. 应润滑　　　D. 应保持干燥

50. 《煤矿安全规程》规定提升机必须设置（　　）。
   A. 防止过卷装置　B. 照明设施　　　C. 操作手柄　　　D. 保护装置

51. 防止过速装置必须在提升速度超过最大速度15%时，能自动断电，并能（　　）。
   A. 自动减速　　　B. 发出声音信号　　C. 发出光电信号　　D. 使保险闸发生作用

52. 《煤矿安全规程》规定提升机必须设置（　　）。

A. 照明设施　　　　B. 限速装置　　　　C. 操作手柄　　　　D. 保护装置

53. 提升机必须设置（　　）。

A. 照明设施　　　　　　　　　　　　B. 保护装置

C. 操作手柄　　　　　　　　　　　　D. 过负荷和欠电压保护装置

54. 提升机深度指示器失效保护装置在深度指示器的传动系统发生断轴，脱销等故障时，能（　　）。

A. 发出声音信号　　　　　　　　　　B. 自动断电，并使保险闸发生作用

C. 发出光电信号　　　　　　　　　　D. 自动减速

55. 提升机制动器的闸瓦过磨损保护装置能在闸瓦磨损超限时（　　）。

A. 发出声音信号　　　　　　　　　　B. 自动减速

C. 自动减速　　　　　　　　　　　　D. 报警或自动断电

56. 缠绕式提升机必须设置（　　）。

A. 绳松报警装置　　　　　　　　　　B. 保护装置

C. 照明设施　　　　　　　　　　　　D. 保护装置

（四）名词解释

1. 二级安全制动。2. 咬绳。3. 钢丝绳的弦长。4. 提升容器。5. 箕斗。6. 围包角。7. 安全系数。8. 摇台。9. 钢丝绳的偏角。10. 面接触钢丝绳。11. 联锁阀。12. 深度指示器。13. 制动系统。14. 井口安全门。15. 提升机。16. 抓捕机构。17. 连接器。18. 钢丝绳的塌股。19. 工作制动。20. 矿井推车装置。21. 销齿传动。

二、能力目标考核部分

1. 分析提升机制动力矩不足的原因。

2. 指出闸瓦偏磨和磨损较快的原因

3. 制动或松闸不灵活，分析其原因。

4. 分析多绳摩擦式提升机打滑的原因。

5. 简述提升设备主要组成部分。

6. 说出提升机钢丝绳在滚筒上不同的连接方式。

7. 说出深度指示器的作用。

8. 阐述增大防滑安全系数的措施。

9. 说出矿井提升系统的种类。

10. 指出矿井提升的主要任务。

11. 分析提升机滚筒产生的异响的故障原因。

12. 分析提升机轴承过热的原因。

13. 指出提升机的轴向齿轮式调绳离合器离、合困难的原因。

14. 分析提升机制动器抱闸或松闸速度缓慢的原因。

15. 平板闸门底卸式箕斗的构造原理（如下图所示）。

16. KJ 型提升机是如何进行工作制动的（参照本书图 1-16 和图 1-17）？

17. KJ 型提升机是如何进行安全制动的（参照本书图 1-16 和图 1-17）？

18. 提升机液压站的调绳原理（参照本书图 1-16 和图 1-17）？

19. KJ 型提升机主轴装置的结构（参照本书图 1-9）。

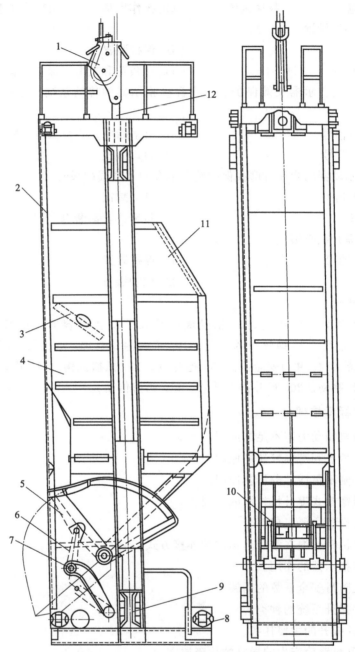

1—楔形绳环；2—框架；3—可调节溜煤板；4—斗箱；5—闸门；
6—连杆；7—卸载；8—套管罐耳；9—钢轨罐道罐耳；10—扭转弹簧；
11—罩子；12—连接装置

20. KJ 型提升机制动器动作原理。

21. 试述 KJ 型提升机减速器的构造。

22. 试述 KJ 型提升机的组成与结构特点。

23. 描述提升机操作程序。

24. 阐述检查齿轮的啮合间隙。

25. 试述安全制动空行程时间的测定方法。

26. 描述提升机减速器的安装程序。

27. 说出矿井提升设备的主要组成部分。

28. 说出常见的矿井提升系统。

29. 指出确保矿井的安全生产所采取的措施。

30. 说出液压站的作用。

31. 说出深度指示器的作用。

32. 说出安全规程安全系数的要求。

33. 说出选用钢丝绳应考虑的因素。

34. 说出钢丝绳试验的具体要求和内容。

35. 说出更换提升绳与尾绳的安全作业规定。

36. 说出《煤矿安全规程》对罐笼使用的结构的要求。

37. 说出提升机过卷相关的规定。

38. 说出井口作业需要注意的安全事项。

39. 指出罐道和罐耳的磨损更换标准。

40. 说出提升机操作的三种形式及操作内容。

41. 阐述制动手把的作用。

42. 描述启动和制动提升机的程序。

43. 说出进行提升机调绳操作的步骤。

44. 说出提升机过卷后应采取的措施。

45. 分析区别工作制动和安全制动。

46. 指出《煤矿安全规程》对立井提升安全制动减速度的要求。

47. 说出制动器调节顺序。

48. 指出润滑油的更换标准。

49. 说出润滑系统使用和维护的规定及注意事项。

50. 说出摩擦衬垫具有的性能。

51. 分析滚筒产生裂缝的原因。

52. 说出轴承烧瓦的预防措施。

53. 说出制动力矩不足的处理方法及措施。

54. 分析运转中突然降压，松不开闸的原因。

三、知识目标考核部分答案

（一）填空题答案

1. 一、两、两、三；2. 煤和矸石、人和物料；3. 钢丝绳、股；4. 拉断、弯曲、扭转；5. 检测、保护；6. 碟形弹簧、油压；7. $\alpha = 180° \sim 195°$、$\alpha = 180°$；8. 缓冲；9. 减速、传递动力；10. 1.5m、2m；11. 右交互捻、左交互捻、右同向捻、左同向捻；12. 碟形弹簧、油压；13. 升降物料、升降人员；14. 底卸式、普通；15. 钢轨罐道、木罐道、型钢组合罐道；16. 矿物、矸石；17. 悬吊提升容器并传递动力；18. 右车槽、右捻向钢丝绳；19. 交互捻钢丝绳；20. 0.3m/s；21. 煤炭、矿石、矸石；22. 提升容器、提升钢丝绳、提升机；23. 煤炭、矿物；24. 副井提升设备；25. 箕斗提升设备、罐笼提升设备；26. 单绳双筒提升设备、单绳单筒提升设备；27. 平衡锤提升系统；28. 旋转部分、传递动力；29. 单绳缠绕式、多绳摩擦式；30. 单滚筒、双滚筒；31. 平行轴减速器、行星齿轮减速器；32. 检测保护；33. 机械牌坊式、圆盘式、数字式；34. 制动器、传动机构；35. 工作油压、制动力矩；36. 井塔式、落地式；37. 主轴装置、制动装置、联轴器、减速器；38. 主导轮、主轴、滚动轴承、锁紧装置；39. 经济效果、安全性；40. $\alpha=180°\sim195°$；41. 摩擦衬垫材料、钢丝绳断面形状；42. 钢丝绳破断拉力的总和/最大静载荷；43. 7、9；44. 6.5、5；45. 制动力、动能；46. 1t、1.5t、3t；47. 3t、4t、6t、8t；48. 0.18m；49. 1.2m²；50. 4m、6m；51. 罐耳、罐道；52. 生锈、磨损；53. 10%、10%；54. 50%；55. 15mm；56. 松闸、抱闸；57. 启动、停止、正反转；58. 手动、半手动、全自动；59. 0.5m/s；60. 单滚筒；61. 2mm；62. 0.25；63. 盘闸制动器、液压站；64. 闸瓦、制动盘；65. 压力；66. 压力油源；67. 6.5MPa；68. 2.5mm、0.5mm；69. 重锤；70. 润滑油、润滑脂；71. 黏度；72. 黏度；73. 黏度、闪点、凝点；74. 润滑油泵；75. 定点、定质、定量、定期、定人；76. 操作工、维护工、润滑工；77. 入库过滤、发放过滤、加油过滤；78. 润滑、冷却；79. 缓冲；80. 主导轮、主轴、滚动轴承；81. 固定块、压块；82. 厚薄规即塞尺、压铅丝；83. 闪点；84. 凝点；85. 闪点；86. 润滑；87. 滚筒、主轴、主轴承；88. 蜗轮蜗杆离合器、摩擦离合器

（二）判断正误题答案

1—5××√×√；6—10√×√√×；11—15√√××√；16—20√××√√；21—25√√√×√

26—30√×√√×；31—35×√√√×；36—40×√××√；41—45×√×××；46—50√×√××

51—55√√×√√；56—60√×√×√；61—65√××√√；66—70×√×√×

（三）选择题答案

1—5CBCBD；6—10BABAB；11—15DDDAC；16—20BCABB；21—25CBDAB；26—30CDABC

31—35DABCD；36—40BCCDD；41—45BBDAC；46—50ADAAA；51—56DBDBDA

（四）名词解释答案

1. 为保证既能以足够大的制动力矩迅速停车，又不产生过大的制动减速度而给设备带来过大的动负荷要求采用二级安全制动。二级安全制动就是将提升机的全部制动力矩分成两级进行。

2. 由于钢丝绳的直径不是无限小，如果内偏角过大，弦长的脱离段与邻圈钢丝绳不是相离而是相交。

3. 钢丝绳离开滚筒处至天轮接触点的一段绳长。

4. 有益矿物和矸石的提升容器。

5. 直接装运煤炭、矿石、人员、材料和设备的工具。

6. 钢丝绳搭于主轮上，钢丝绳与主轮接触的一段弧叫围包弧，该所对应的中心角就是围包角。

7. 钢丝绳破断拉力的总和/最大静载荷。

8. 是一种比较理想的设施，应用范围广，可用于井口、井底和多水平的中间运输巷道，尤其是多绳摩擦式提升机系统必需的承接机构。

9. 将线接触钢丝绳股进行特殊碾压加工，使钢丝产生变形而成面接触状态，然后再碾

制成绳。

10. 指钢丝绳的弦长通过天轮平面所成的角。

11. 是一个安全保护装置，其阀体固定在齿轮的侧面。

12. 矿井提升不可缺少的一种起到检测和保护作用的设施。

13. 提升机的重要组成部分，它由制动器和传动机构组成。

14. 是矿井生产的最主要设备，用于升降人员和物料。

15. 用来关闭井口，防止人员或其它物体掉入井口内的安全设施。

16. 是防坠器的主要机构，靠抓捕支承物，把下坠的罐笼悬挂在支承上。

17. 用来连接制动绳与缓冲绳的装置。

18. 钢丝绳的绳股在某一段塌向绳内的现象。

19. 提升机正常工作时的制动。

20. 用来将矿车推入罐内，将罐内矿车顶出罐笼的一种专用设备。

21. 是齿轮传动的一种特殊形式，由齿轮和销齿组成。

四、能力目标考核部分答案

1. （1）制动重锤量不够或盘形弹簧弹力不够；（2）闸瓦与闸轮或制动盘接触面积小，粗糙度小，使摩擦系数降低；（3）制动油缸严重磨损。

2. （1）闸瓦与闸轮中心偏差过大；（2）闸瓦间隙不均匀，偏斜；（3）闸瓦与闸轮接触表面不平整；（4）闸瓦材质不符合要求。

3. （1）各传动杆件不灵活；（2）销轴缺油或烧住；（3）制动缸卡缸；（4）油压不够或气压过低。

4. （1）钢丝绳在悬吊前未清洗干净，存有防锈油；（2）操作时减速度过大；（3）摩擦衬垫的摩擦系数小；（4）超负荷。

5. 提升容器、提升钢丝绳、提升机及拖动控制系统、井架、天轮及装卸载设备等。

6. 缠绕式、摩擦式，缠绕式又分为单绳和多绳，摩擦式又分为单绳和多绳。

7. （1）指示提升容器的运行位置；（2）容器接近井口卸载位置和井底停车场时，发出减速信号；（3）当提升机超速和过卷时，进行限速和过速保护；（4）对于多绳摩擦式提升机深度指示器还能自动调零以消除由于钢丝绳在主导轮摩擦衬垫上的滑动、蠕动和自然伸长等造成的指示误差。

8. （1）增大围包角；（2）提高摩擦系数；（3）提高下放端钢丝绳的张力；（4）控制最大加、减速度，减小动载荷。

9. （1）主井箕斗提升系统；（2）副井罐笼提升系统；（3）多绳摩擦（主、副井）提升系统；（4）斜井串车提升系统；（5）斜井箕斗提升系统。

10. 用于煤矿、金属矿及非金属矿提升和下放人员、煤炭、矿石、矸石及运输材料和设备等。

11. （1）连接件松动或断裂，造成连接部位相对位移和振动；（2）焊缝开裂，发出声响；（3）筒壳强度不够，产生开裂、变形；（4）衬套与轴磨损间隙过大；（5）离合器松动。

12. （1）缺油或油质不良；（2）油圈转动不灵或卡住；（3）接触不好或与轴线不同心；（4）间隙过小。

13. （1）齿轮与齿圈相对位置未对好；（2）外齿轮与内齿圈上有毛刺；（3）内齿圈与轮毂间的尼龙瓦磨损超限，滚筒下沉。

14. （1）传动拉杆长短不符合要求，调整机构调整的不合适；（2）销轴与孔松旷，磨损过大，或锈蚀严重；（3）制动器操纵手把给不到位置或移动角度不合适；（4）制动力矩不够或弹簧弹力小。

15. 平板闸门底卸式箕斗有单绳和多绳两种。除连接装置外基本相同。题15图是单绳平板闸门底卸式箕斗外形图。斗箱4固定在框架上，闸门5可绕固定在斗箱上的轴转动，连杆6的一端与闸门铰接，另一端装有卸载滚轮7。当箕斗提升至地面煤仓时，卸载滚轮7进入井架上的卸载曲轨，当箕斗继续上升时，在箕斗框架上的小曲轨同时向上运动，滚轮7在卸载曲轨作用下，沿着箕斗上的小曲轨向下运动并转动连杆6，打开闸门5，开始卸载。箕斗下放时，以相反顺序关闭闸门。此种箕斗比扇形闸门底卸式箕斗卸载时井架受力小、曲轨短、撒煤少、动作可靠，不易卡住。

16. 正常工作时，电磁铁 G_1、G_2、G_5 断电，G_3、G_3' 和 G_4 通电，叶片泵产生的压力油经滤油器4、液动换向阀7、安全制动阀9、10的右位，经过A管、B管分别进入固定滚筒和游动滚筒的盘式制动器油缸。工作油压的调节，由并联在油路的电液调压装置5及溢流阀6相互配合进行。制动时，司机将制动手把拉向制动位置，在全制动位置时，自整角机发出的电压为零，对应的电液调压装置动线圈输入电流为零，挡板处在最上面位置，油从喷嘴流出，液压站压力最低，盘式制动器进行制动；松闸时，将制动手把拉向松闸位置，在全松闸位置时，自整角机发出的电压约为30V，相应的动线圈输入电流约为250mA，挡板处在最下面位置将喷嘴全部盖住，液压站压力为最大工作油压，进行松闸。制动手把位置不同，液压站供油压力不同，从而可以产生不同的制动力矩。

17. 安全制动时，为保证既能以足够大的制动力矩迅速停车，又不产生过大的制动减速度而给设备带来过大的动负荷，要求采用二级安全制动。二级安全制动就是将提升机的全部制动力矩分成两级进行。施加第一级制动力矩后，使提升机产生符合《煤矿安全规程》规定的安全制动减速度，然后再施加第二级制动力矩，使提升机平稳可靠地停车。工作原理为：当发生紧急情况时（包括全矿停电），电气保护回路中的KT线圈断电，电动机1、油泵2停止转动，电磁铁 G_3、G_3' 断电，与A管相通的制动器中的压力油经阀9的左位迅速流回油池，该部分闸的制动力矩全部加到制动盘上；与B管相通的闸此时仅加上一部分制动力矩，提升机停住，实现第一级制动。经延时后，与B管相连的闸再把另一部分制动力矩加上，进行第二级制动。一级制动油压值由减压阀11和溢流阀8调定，通过减压阀11的油压值为 P_1'，故弹簧蓄能器14的油压为 P_1'，溢流阀8的调定压力为 P_1，P_1' 比 P_1 大 $0.2\sim0.3$MPa，P_1 即为第一级制动油压，当紧急制动时，由于 G_3' 断电，与B管相连的制动器压力油通过阀10的左位，一部分经过溢流阀8流回油箱，另一少部分进入弹簧蓄能器14内，使其油压增加到第一级制动油压 P_1，经过电气延时继电器的延时后，G_4 断电，使与B管相连的制动器的油压降为零，实现安全制动。

18. 调绳时，使电磁铁 G_3、G_3' 断电，提升机处于全制动状态。当需要打开离合器时，使 G_1、G_2 通电，高压油经阀16、15右位及K管进入调绳离合器的离开腔，使游动滚筒与主轴脱开。此时，使 G_3 通电，使固定滚筒解除制动，进行调绳；调绳结束，使 G_3 断电，固定滚筒又处于制动状态。使 G_3 断电，压力油经阀15左位及L管进入调绳离合器的合上腔，使游动滚筒与主轴合上。最后使 G_1 断电，切断油路，并解除安全制动，恢复正常提升。在整个调绳过程中，各电磁铁的动作及联锁动作均由操纵台上的调绳转换开关控制。

19. JK型双滚筒提升机主轴装置结构如本书图1-9所示。主轴装置是提升机的主要工作和承载部分,包括滚筒、主轴、主轴承以及调绳离合器等。固定滚筒的右轮毂用切向键固定在主轴上,左轮毂滑装在主轴上。游动滚筒的右轮毂经衬套滑装在主轴上,装有专用润滑油杯,以保证润滑,衬套用于保护主轴和轮毂,避免在调绳时轴和轮毂的磨损和擦伤。左轮毂用切向键固定在轴上,并经调绳离合器与滚筒连接。滚筒为焊接结构,轮辐由钢板制成。筒壳外边一般均装有木衬,木衬上车有螺旋绳槽,以便使钢丝绳有规则地排列,并减少钢丝绳的磨损。

20. KJ 型提升机制动器是轮型闸并为角移式的。前制动梁和后制动梁用拉杆连接起来,闸瓦固定在制动梁上,拉杆上的螺母是用来调节闸瓦和制动轮之间的间隙的。顶丝是支撑制动梁,保证松闸时间隙均匀;制动时,三角杠杆按逆时针方向转动,经拉杆带动前、后制动梁移动,使其各自绕轴承摆动,使闸瓦压向闸轮实现制动。

21. 减速器有减速箱、齿轮、输入轴、中间轴及输出轴等部件组成。减速箱用以支撑齿轮和轴,构成闭式润滑系统,并能将减速器运转时的作用力传递给基础。减速箱下部还可储存润滑油;齿轮为渐开线人字齿轮,两级传动,速度比有 11.5、20 和 30 三种。轴承有用滑动轴承的,也有的用滚动轴承。齿轮和轴承均由集中润滑系统供油,进行强迫润滑。

22. JK 型提升机是 20 世纪 70 年代初设计与制造的 XKT 型提升机的基础上,经过改进于 1977 年定型的产品,也有单筒及双筒两种,也是由主轴装置、减速器、联轴器、制动装置、辅助装置、电动机与电控设备等组成。其结构特点是:滚筒为焊接结构,质量轻;调绳机构为油压齿轮式,快速、省力;制动器为盘式闸,传动装置为液压站,可调性好;减速器内齿轮为圆弧齿,承载能力大;采用由自整角机传动的圆盘式深度指示器。

23. 启动前准备工作:合上高压隔离开关,向换向器送电;合上辅助控制盘开关,向低压系统供电;启动润滑油泵、制动空压机或制动油泵。启动提升机:将工作闸手把移到一级制动位置;根据信号给定的提升方向,将主令控制器手把推(扳)至第一位置;缓慢松开常用闸起动,然后将主令控制器手把一次推(扳)到极限位置,提升机逐渐加速到最大速度。停止提升机:当发生减速警铃后,将主令控制器手把扳(或推)至断电位置,切断主电动机电源;用自由滑行或制动减速,亦可加入动力制动减速;根据信号,及时正确地用工作闸停住提升机。

24. 检查圆柱齿轮啮合间隙一般用压铅法。根据齿顶和齿侧估算值选用直径或厚度合适的铅丝或铅片,放在啮合面两侧,盘车转动齿轮,将铅丝或铅片滚进啮合处,然后再反向盘车,取下被压扁的铅丝或铅片,用卡尺或千分尺测量齿顶和齿侧部位的厚度,即为齿顶和齿侧的间隙。由于放了两条铅丝或铅片,测出的是两组数据。如两齿轮轴是平行的,两组数据应当一样。如两组数字不同(特别是顶隙)说明两轴不平行,因此也根据两顶隙来调整两轴的平行度。齿轮的顶隙和侧隙也可以用塞尺测量。即让两啮合齿轮一侧贴紧(塞尺塞不进去),然后在另侧用塞尺塞侧隙和顶隙。用这种方法不如用压铅法准确,但简单易行。圆锥齿轮的啮合间隙,也可以用压铅法或塞尺检查,间隙大小可以用垫片进行轴向调整允许间隙与圆柱齿轮相同。

25. 《规程》规定轮式制动器空行时间不得超过 0.5s;盘式制动器空行程时间不得超过 0.3s,测定空行程时间是为了检查是否符合上述规定,测定方法如下:将提升容器卸空并放在交缝处或罐座上、用定车装置将滚筒锁住;将与电源火线相接的锡箔纸贴在闸瓦上,将地线接到闸轮上并将 K3 接在安全回路中;松闸,合上开关 K1,接通电源,将 K2 合向电秒表 3 方向;按下 K3,安全回路断电,提升机进行安全制动,同时电秒表开始动作,当闸瓦与闸轮接触时，电秒表被短接，停止转动。电秒表记录的时间即为安全制动空行程时间；如测出的空行程时间超过规定，应查找原因进行处理，闸瓦间隙过大、制动缸盘根过紧、放油太慢都会使空行程时间加长。

26. 减速器的安装程序如下：根据主轴联结轴节的端面，初步确定减速器的位置，在基础上放好垫板后再将减速器放在垫板上，穿好地脚螺栓；打开上盖，清洗各轴瓦、齿轮和箱体内脏物；进行操平找正工作；浇灌减速器地脚螺栓孔，过一周后进行第二次找正，同时对减速器主轴瓦进行刮研，然后将地脚螺栓拧紧；刮研二轴瓦，同时检查齿轮的接触精度；用压铅法测出齿轮和轴承间隙，达到标准要求后，盖上减速器盖，连接润滑油管等。

27. 矿井提升设备主要由提升容器、提升钢丝绳、提升机、天轮、井架、装卸载设备及电气设备等组成。

28. 常见的矿井提升系统有：（1）主井箕斗提升系统；（2）副井罐笼提升系统；（3）多绳摩擦（主、副井）提升系统；（4）斜井串车提升系统；（5）斜井箕斗提升系统。

29. 除了在设计、制造时要求精心设计，精心制造外，对矿山而言，提高安装质量，提高和完善设备的保护设施的可靠性和自动化程度，减少维修量，延长使用寿命，是确保提升机安全、高效地运行，防止和杜绝故障发生的重要因素。

30. 液压站的作用是在工作制动时，产生不同的工作油压，以控制盘式制动器获得不同的制动力矩；在安全制动时，能迅速回油，实现二级安全制动；产生压力油控制双滚筒提升机游动滚筒的调绳装置。

31. 深度指示器的作用：（1）指示提升容器的运行位置；（2）容器接近井口卸载位置和井底停车场时，发出减速信号；（3）当提升机超速和过卷时，进行限速和过速保护；（4）对于多绳摩擦式提升机，深度指示器还能自动调零，以消除由于钢丝绳在主导轮摩擦衬垫上的滑动、蠕动和自然伸长等造成的指示误差。

32. 煤矿安全规程的有关规定：专为提人钢丝绳安全系数不小于9，小于7时必须更换；专为提物时钢丝绳安全系数不小于6.5，小于5时必须更换等。

33. 选用钢丝绳结构时应考虑的因素：（1）对于单绳缠绕式提升，一般宜选用光面右同向捻、断面形状为圆形股或三角股、点或线接触形式的钢丝绳；对于矿井淋水大，水的酸碱比较度高，以及在出风井中，腐蚀比较严重时，应选用镀锌钢丝绳。（2）在磨损严重的条件下使用的钢丝绳，如斜井提升等，应选用外层钢丝尽可能粗的钢丝绳；斜井串车提升时，宜采用交互捻钢丝绳。（3）对于多绳摩擦提升，一般应选用镀锌、同向捻且左右捻各半的钢丝绳，断面形状最好是三角股。（4）罐道绳最好用表面光滑、耐磨的密封钢丝绳。（5）尾绳最好用不旋转钢丝绳或扁钢丝绳。（6）用于高温或有明火的地方时，最好用金属绳芯的钢丝绳。

34. 钢丝绳试验的要求和内容：（1）试验绳样的截取。新绳在悬挂前试验的绳样应从外观检查合格的端头截取。使用中定期试验的钢丝绳试样：单绳缠绕式提升机立井提升时，应在容器端绳卡上部截取，斜井提升时应在容器端将危险段切除后截取。试样长度：单丝试验时应不小于1.5m，整绳拉力试验时应不小于2m。截取试验绳样时尽量不用加热切割，如需要用加热法切割时应在截取试样长度中加200mm，并注意不使试样受任何损伤。作整绳拉力试验或伸长试验的绳样，在截取前应先将其两端捆扎牢固，然后切割。（2）试验内容：有钢丝拉伸，钢丝反复弯曲，钢丝扭转，钢丝打结拉力，钢丝缠绕和钢丝绳整绳拉力试验。记录试验数据，然后对所试验的结果进行整理、分析和判定，写出试验报告并提供给使用单位。(3)新绳悬挂前的试验（包括新绳验收试验）和在用绳的试验，必须遵守《煤矿安全规程》的下列规定：①新绳悬挂前必须对每根钢丝做拉断、弯曲和扭转三种试验。如果出现不合格钢丝的断面积与钢丝绳总断面积之比达到 6% 时，不得用于升降人员；达到 10%，不得用于升降物料；以合格钢丝的拉断力总和为准算出的安全系数必须满足《煤矿安全规程》规定。②在用绳的定期试验只做每根钢丝的拉断和弯曲两种试验。如果出现不合格钢丝的断面积与钢丝绳总断面积之比达到 25% 时，该钢丝绳必须更换；以合格钢丝的拉断力总和为准算出的安全系数必须满足《煤矿安全规程》规定。

35.更换提升绳与尾绳的安全作业规定 (1)新绳在悬挂前必须具备出厂质保书，产品合格证，试验证明，并符合《煤矿安全规程》的有关规定，否则不准使用。(2)因各矿井的具体情况不同，设备条件不一样，所以针对本单位的具体情况由分管技术的工程技术人员编写施工方案和施工安全技术措施，并传达贯彻到每一个施工人员和提升机司机。(3)单绳缠绕式提升机换绳时，两容器必须空载。将固定滚筒侧的容器用 5~7 倍安全系数的工字钢梁搪在井上日。搪牢后拆除旧绳，缠绕新绳。待新绳缠绕完毕与容器连接好后，抽掉搪梁，将此容器慢速下放至井下口，游动滚筒侧的容器即提升至井上口，重复以上工序更换游动滚筒的提升绳。(4)多绳摩擦式提升机更换提升绳与尾绳时，必须根据各矿井的现有设备条件决定一次换绳的根数和具体的施工方法。严防尾绳扭转和打结。(5)新绳在倒滚和施工期间，不准出现急弯和扭曲，严防打结和外部机械损伤。多层股钢丝绳不准采用预放钢丝绳的施工方法。(6)新更换的钢丝绳在试运转后要及时的对绳。新绳投入使用后，必须加强验绳。如在两周内不出现异常，方可恢复正常验绳制度，如发现绳径局部突变、断丝超限、绳股松散，必须停止使用。

36.对于专为升降人员和升降人员与物料的罐笼（包括有乘人间的箕斗），《煤矿安全规程》第 381 条对其结构做了以下规定。

(1)乘人层顶部应设置可以打开的铁盖或铁门，两侧装设扶手。当发生事故时，抢救人员可以通过梯子间上到罐顶，方便进入罐笼，对人员进行抢救和对设备进行维修，同时也便于更换罐道和下放超长物料。

(2)为保证人员的安全，并避免乘罐人员随身携带的工具或物料掉入井筒，罐底必须满铺钢板，如果需要设孔时，必须设置牢固可靠的门；两侧用钢板挡严，并不得有孔。

(3)进出口必须装设罐门或罐帘，高度不得小于 1.2m。罐门或罐帘下部边缘至罐底的距离不得超过 250mm，罐帘横杆的间距不得大于 200mm。罐门不得向外开，门轴必须防脱。

(4)提升矿车的罐笼内必须装有阻车器，以保证可靠地挡住矿车，防止罐笼运行中矿车溜出造成恶性事故。

(5)单层罐笼和多层罐笼的最上层净高（带弹簧的主拉杆除外）不得小于 1.9m，其它各层净高不得小于 1.8m。带弹簧的主拉杆必须设保护套筒。

(6)罐笼内每人占有的有效面积不小于 0.18m。罐笼每层内 1 次能容纳的人数应明确规定。超过规定人数时，把钩工必须制止。

37.(1)过卷：容器超过正常卸载位置。

(2)过卷高度：容器过卷时所允许的缓冲高度。

(3)规程 397 条对过卷高度的规定：提升速度小于 3m/s 的罐笼，不得小于 4m；超过 3m/s 的罐笼不小于 6m；箕斗提升不小于 4m；摩擦提升不小于 6m 等等。

（4）过卷保护：分别装在井口和提升机的深度指示器上，并接入安全回路。

38. （1）工作前必须由专人与井口信号工、把钩工及提升机司机取得联系，交清施工内容及要求。

（2）井口 2m 内作业人员必须佩带安全帽和合格的保险带，并将保险带拴在合适牢靠的位置上，穿好工作服，扣好纽扣、扎好袖口由。严禁穿塑料底及带后跟的鞋工作。

（3）井上、下口、井架上及井筒内不得同时作业。上口作业时，下口 5m 内不准有人逗留，下口作业时，上口要设专人看好井口。

（4）井口作业必须烧焊或气割时，应按《煤矿安全规程》要求制定专门措施报矿总工程师批准。电焊机的地线应搭接在焊件的附近，以免电流经过钢丝绳或其它转动、连接部位造成零件及局部的损坏。乙炔与氧气必须按规定分开放置。

（5）施工前要清除井口杂物，施工中要有防止工具、物体坠落的措施。施工中严禁说笑打闹。

（6）检修后要有工程负责人全面检查并组织有关人员验收，无问题后方可运行。

39. 据规程 386 条的规定罐道和罐耳的磨损达到下列程度必须更换：

（1）木罐道任一侧磨损量超过 15mm 或其总间隙超过 40mm。

（2）钢轨罐道轨头任一侧磨损量超过 8mm 或轨腰磨损量超过原有厚度的 25%；罐耳的任一侧磨损量超过 8mm，或在同一侧罐耳和罐道的总磨损量超过 10mm，或者罐耳与罐道的总间隙超过 20mm。

（3）组合钢罐道任一侧的磨损量超过原有厚度的 50%。

（4）钢丝绳罐道与滑套的总间隙超过 15mm。

40. 提升机的操纵分为手动、半手动、全自动三种形式。

（1）手动操纵的提升机　司机用控制器直接操纵电动机的换向和调速，启动过程完全取决于司机的技巧，减速阶段也由司机根据负荷的不同，凭经验选用电动机减速、自由滑行减速或制动减速。手动操纵的提升机多用于小型低压感应电动机，而且多用在倾斜井巷的运输。

（2）半自动操纵的提升机　半自动操纵的提升机的启动电阻的切除是由继电器按规定要求自动进行的，司机只需要将操纵手柄一下推到极限位置。等速阶段由于电动机工作在自然机械特性曲线的稳定运行区域，不需要自动操纵装置，只需要各种保护装置。减速阶段和手动操纵的过程一样。

（3）自动操纵的提升机　自动操纵的提升机从提升开始到停止是自动进行的，司机只需观察操纵保护装置的准确性。自动操纵的优点是：增大提升能力，保证工作安全，减轻了司机的劳动强度。目前我国实现了完全自动操纵的多位箕斗提升设备，这是因为箕斗提升工作较为简单，停机位置不需特别准确，正常运转时负荷变化不大。副井提升设备的提升工作复杂和负载变化很大，这样就给减速阶段的自动操纵带来了很大困难，而且又要求停机位置相当准确，副井提升的完全自动化是我国目前正在研究解决的问题。

41. 制动手把的作用是操纵制动系统进行抱闸和松闸，向前推为松闸，向后拉为抱闸。制动手把通过转轴与下面的自整角机连接，自整角机输出电压的变化，来控制液压站电液调压装置动线圈的电流，从而改变油液的压力，进而改变制动器的制动力矩。当制动手把推到最前位置时，自整角机发出最大电压，提升机处于全松闸状态；当制动手把拉回到最后位置时，自整角机发出最小电压，零电压，提升机处于全抱闸状态。手把由全松闸位置到全抱闸位置的回转角度为 70°，手把在这个角度范围内扳动时，自整角机的输出电压相应变化，从而改变液压系统油压，使制动系统获得不同的制动力矩。

42．（1）启动（手动或半自动操纵的提升机）

① 将保险闸操纵手把移至松闸位置；

② 将常用闸操纵手把移至一级制动位置；

③ 根据信号所知的提升方向，将主令制动器扳到第一位置；

④ 缓缓松开常用闸起动，依次扳主令控制器（半自动操纵的提升机一下移到极限位置），使提升机加速到最大速度。

（2）停机

① 当发生减速警铃后，将主令控制器手把扳或推至断电位置，切断主电动机电源；

② 给以机械减速（用工作闸点动施闸）；

③ 根据终点信号，及时正确地用工作闸闸住提升机。

43．① 两提升容器必须空载，并将游动滚筒上的容器置于井下装载位置，落下该侧保险闸；

② 拉动调绳手柄，打开离合器；

③ 对游动滚筒轴套加油后再进行调绳；

④ 离合器合上之前，应进行对齿，并在齿上加油后，拉回调绳手柄使离合器闭合；

⑤ 当离合器啮合过紧，打不出或打不进时，可以送电使滚筒少许转动，如仍进、出困难，应检查原因，将故障排除，再进行离或合的工作；

⑥ 调绳期间，严禁作为单滚筒提升机进行单钩提升；

⑦ 调绳结束后，要进行空载运行，无问题后方可恢复正常的提升；

⑧ 调绳过程中不允许提升人员或重物。

44．当提升过卷时，应立即与井下口信号工取得联系，认为悬挂装置无问题后，方可拨动转换开关，使提升机向相反的方向转动。若悬挂装置有问题时，必须由检修工检查后，决定能否开车。

45．工作制动是正常工作时的制动；安全制动是事故状态时的紧急制动。

46．《煤矿安全规程》第 433 条对立井提升安全制动减速度的要求，对大型提升机的安全制动都要求具有二级制动特性。二级制动既能快速、平稳的闸住提升机，又不致使提升机减速过大，可避免减速时产生过大的动载荷，所以对机械、电气设备均有好处。盘式制动器一般由多副闸组成，实现二级制动很方便，可将闸分为 A、B 两组，A 组先投入制动，产生第一级制动力矩，其数值应保证提升重物时，安全制动减速度不大于 5m/s。下放重物时减速度不小于 1.5m/s。提升机在此制动力矩作用下速度下降。B 组在滞后一定时间（提升速度接近零时）再投入，产生二级制动力矩，以保证在提升终了时可靠地将提升机闸住。

47．① 将制动梁与制动轮处于抱紧状态。

② 拧动顶丝使其与制动梁相接触（闸瓦与制动轮必须处在制动的情况下），同时将辅助立柱的拉杆调整好。这样才能保证制动轮与闸瓦间具有均匀的间隙。

③ 在提升机抱闸的时候，一必须保证顶丝与制动梁间的间隙为 2mm。所以在松闸时，制动梁也就离开制动轮 2mm。

④ 闸瓦与制动轮间的间隙应保持最小的间隙，最大不得超过 2mm。司机必须每班检

查。当汽缸的活塞达到了最大的行程 120mm 时，闸瓦与闸轮间不得有任何间隙的存在。

⑤ 拉紧上下水平横拉杆，使杠杆位于水平位置，同时，连接螺母应适当地旋在一对垂直拉杆上，旋在拉杆上的螺纹长度不小于拉杆的直径，但也不大于直径的 1.5 倍。

在调整上下拉杆时应在松闸的情况下进行，必须保证工作汽缸的活塞降到汽缸的底部，其活塞与缸底的间隙应保持 5~10mm。

48. 润滑油的更换，是针对油箱式润滑系统而言，对于流出式或压出式润滑，因润滑油在润滑部位停留时间短且不是循环润滑使用，就不存在换油标准问题。确定是否要换新油，应化验检查。化验之前必须正确取样：在设备运转油温正常，油被搅拌均匀时，在油箱上、中、下部均匀取样化验；采集油样的器具必须是清洁的、中性的。

润滑油在试样透明瓶中做澄清试验时，静止后若从下部开始澄清，说明是由于混入空气后造成的，空气排出后可继续使用；若是由上部开始澄清，则说明是混入水分、杂质造成的，要更换新油。润滑油经过化验后，如果发现某些标准超过换油标准，就必须更换新油。

49. (1) 提升机运转前，必须先开润滑油泵，否则不得开车；

(2) 必须经常检查油量多少，不得擅自添加其它牌号的油料；

(3) 在向减速器箱体内加油时，必须把副油箱箱盖上的螺栓拧松排气，看到螺纹处向外冒油时，再把螺栓拧紧，要注意加入油箱内的油必须是经过过滤后的干净油；

(4) 过滤器滤芯必须每周检查一次是否被堵，每半年必须认真地清洗检查一次；

(5) 新更换的控制阀门和管件，应采用油洗而不得用棉线或卫生纸擦拭；

(6) 当冷却水不用时，务必把冷却器进、出油管上的球阀关闭（球阀手柄与管道成 90° 位置）；

(7) 当使用冷却器时，应将旁路上的球阀关闭，打开管路上的球阀。

50. (1) 与钢丝绳对偶摩擦时有较高的摩擦系数，且摩擦系数受水、油的影响较小；

(2) 具有较高的比压和抗疲劳性能；

(3) 具有较高的耐磨性能，磨损时粉尘对人和设备无害；

(4) 在正常温度范围内，能保持其原有的性能；

(5) 材料来源容易，价格便宜，加工和安装方便；

(6) 应具有一定的弹性，能起到调整一定的张力偏差的作用，并减少钢丝绳之间蠕动量的偏差；衬垫的上述性能中最主要的是摩擦系数，提高摩擦系数将会提高提升设备的经济效果和安全性。

51. (1) 连接件松动或断裂，造成连接部位相对位移和振动；

(2) 焊缝开裂，发出声响；

(3) 筒壳强度不够，产生开裂、变形；

(4) 衬套与轴磨损间隙过大；

(5) 离合器松动。

52. 预防处理的办法是：

(1) 经常检查油圈工作情况，发现松扣，及时紧固；发现脱扣，应将其连接，发现油圈不转，应处理内表面，使其粗糙一些；

(2) 油圈入油面深度，应在 0.1~0.14D（D 为油圈直径），油池油量应保持在规定深度；

(3) 油圈最好用黄铜制作，在油圈内表面车几个窄圆槽，可以增加其带油能力；

（4）直接更换椭圆的油圈。

53.（1）验算制动力矩或检查盘形弹簧弹力是否合适及有无疲劳现象；

（2）提高粗糙度，增加闸瓦与闸轮或制动盘接触面积；

（3）检修或更换制动油缸。

54.（1）溢流阀的节流孔堵塞或滑阀被卡住；

（2）电液调压装置控制阀和喷嘴接触不严；

（3）溢流阀的控制室密封不严或与电液调压装置间的连接管漏油；

（4）电液调压装置的动线圈引出线焊接不牢固。

参 考 文 献

[1] 洪晓华. 矿井运输提升. 徐州：中国矿业大学出版社，2005.

[2] 王维佳. 矿井运输及提升设备. 徐州：中国矿业大学出版社，2006.

[3] 于励民，仵自连. 矿山固定机械选型使用手册. 北京：煤炭工业出版社，2007.

[4] 提升机司机. 煤炭工业部生产司.

[5] 国家安全生产监督管理局. 煤矿安全规程. 2005.

[6] 《最新煤矿工人职业技能操作标准与安全规范全书》编委会，最新煤矿工人职业技能操作标准与安全
     规范全书. 北京：知识出版社，2007.

[7] 唐殿全. 煤矿机械修理与安装：北京：煤炭工业出版社，2001.

[8] 齐殿有. 矿山机械安装工艺. 北京：煤炭工业出版社，1999.

[9] 庄严. 高等学校规划教材·矿山运输与提升设备. 徐州：中国矿业大学出版社，2007.

[10]   陈国山. 矿山提升与运输. 北京：冶金工业出版社，2009.

[11]   李炳文，万丽荣，柴光远主编. 矿山机械. 徐州：中国矿业大学出版社，2010.